● 渡辺篤二 監修

豆の事典
—— その加工と利用

幸書房

・監　修
渡辺　篤二　元 農林水産省食品総合研究所 所長

・編集委員・執筆者（音順）
石毛禮治郎　豆類加工研究会，㈱菓子総合技術センター 理事
相馬　　暁　拓殖大学北海道短期大学 教授
畑井　朝子　北海道教育大学 名誉教授，函館短期大学 教授
早川　幸男　㈱菓子総合技術センター 研究所長
福場　博保　お茶の水女子大学 名誉教授，昭和女子大学 前学長，
　　　　　　㈳日本パン技術研究所 理事長

・執筆者（音順）
青木　睦夫　東京都立食品技術センター 副参事研究員
佐藤　久泰　元 北海道農政部 総括専門技術員
佐藤　　仁　北海道立中央農業試験場畑作部畑作第一科 研究職員
白川　武志　香川県食品試験場 主席研究員
鈴木　一男　千葉県農業総合研究センター 生産技術部 生産工学研究室長
松川　　勲　北海道立北見農業試験場長
的場　研二　㈱的場製餡所 代表取締役
南　　　忠　北海道立十勝農業試験場 技術普及部 専門技術員
村田　吉平　北海道立十勝農業試験場 作物研究部長

まえがき

　マメ類はその種類が多く，しかもそこから得られる食品類は豆の特性に応じて多種多様である．大豆加工品の味噌，醬油，豆腐のように主食とかなり強く結びついた食品がある一方，インゲンマメ，アズキなどから作られるあん類，煎り豆などは嗜好品的である．このほかにも色々ある豆製品を含めて原料豆にさかのぼり，圃場（ほじょう）から食卓までの流れをいくつかに区切りながら整理して分かりやすく説明することが本事典の目指すところである．

　事典であるから必要とする事項を簡単に引き出せなければならず，しかも個々の豆ごとの流れを把握できるようにするために目次の内容を編集委員の間で十分検討した上で執筆にとりかかった．比較的小さい項目については掲載箇所を索引により見出せるよう努力した．

　本事典はわが国で消費されている豆の加工・調理品が対象であるが，原料の豆そのものを理解する必要から個々の豆について植物学的な分類，作物としての特徴，生育条件，原産地，国内における生産地域など豆の基礎知識に関する編を設け，その中で加工，調理の面から見た適性といったことにもふれるようにした．取り上げる豆は大別して，でんぷん系とたんぱく質系に分け，前者はアズキ，インゲンマメ，ベニバナインゲン，エンドウ，ソラマメ，後者はダイズ，ラッカセイとした．そして，これらの豆の中には国内生産だけでは需要を賄えないもの，あるいは国内生産がゼロになったため専ら輸入に頼っているものがあり，さらには従来わが国で全く消費されていなかった新規の輸入豆が姿を見せているので，これらについても簡単にふれることとした．

　でんぷん系の豆の加工，調理は共通的な部分が多いので，あん，甘納豆，もやしなど加工関係と煮豆，煎り豆を含めた調理関係に分

けて説明し，必要に応じ個々の豆独自のものも含めることとした．また成分組成，毒性成分，栄養および生理活性成分も共通的な記述を主とし，種類別に特記するものがあればこれを加えた．たんぱく質系の豆であるダイズとラッカセイは作物学的な性質がかなり異なるので，基礎知識の箇所ではもちろん，加工，調理，成分組成，毒性成分，栄養および生理活性成分の記述も両者は別個に扱った．そしてダイズでは納豆，豆腐，もやしその他ダイズだけを主原料とするものを主体とし，味噌，醤油などコメ・ムギも原料とするものについては簡単にふれるにとどめた．豆の利用は全世界に及んでいるので，いくつかの国または地域における豆の加工調理に関する状況も紹介することとした．

　巻末に参考図書，推薦図書を掲載した．また，本文中にコラムを挿入した．豆についての知識，情報を得るために参考にしていただければ幸である．

　なお，本文II．8「輸入豆類」については雑穀輸入協議会のご協力を頂き，本書の編集では(財)日本豆類基金協会のご支援を頂いた．この場を借りて感謝申し上げる．

渡辺 篤二

【凡例】マメ類の分類について

　マメ類の分類については多くの説があるが，本書においては，一般的な分類としては，ブリタニカ社『ブリタニカ世界大百科事典』の豆およびマメ科の項を参照し，農学的な分類，学名については，『北海道における豆類の品種』（日本豆類基金協会）に準じた．

　『ブリタニカ世界大百科事典』によると，主として種子（子実）を食用に供するマメ類は，植物学的にはソラマメ族とインゲンマメ族，1属がイワオウギ族に属し，エンドウ（*Pisum sativum*）属，ソラマメ（*Vicia faba*）属などはソラマメ族に，インゲンマメ（*Phaseolus vulgaris*）属，アズキ（*Azukia angularis*）属，ササゲ（*Vigna sinensis*）属，ダイズ（*Glycine max*）属などはインゲンマメ族に含まれるとしている．

目　　次

I　序　　論

1. マメ類の生産と需要 …………………………………2
2. マメ類の特徴 …………………………………………3
3. マメ類の成分組成と調理・加工 ……………………4

II　豆の基礎知識

1. ア　ズ　キ …………………………………………………8
   1.1　植物学的分類と起源……………………………………8
      1)　植物学的分類と学名 …………………………………8
      2)　地理的起源（原産地）………………………………9
      3)　和名の由来 ……………………………………………9
   1.2　品種の特性と生産地 …………………………………10
      1)　品種の分類……………………………………………10
      2)　植物学的特性…………………………………………11
      3)　現在の生産地…………………………………………14
      4)　主な品種とその特性…………………………………14
      5)　北海道産アズキの用途………………………………17
2. インゲンマメ ………………………………………………18
   2.1　植物学的分類と起源 …………………………………18
      1)　植物学的分類と来歴…………………………………18
      2)　和名の由来……………………………………………19
   2.2　品種の特性と生産地 …………………………………20
      1)　品種の分類……………………………………………20

　　　　2) 植物学的特性……………………………………22
　　　　3) 現在の生産地とその状況……………………23
　　　　4) 主な品種とその特性…………………………24
　3. ベニバナインゲン………………………………………30
　　3.1 植物学的分類と起源 ……………………………30
　　　　1) 植物学的分類と来歴…………………………30
　　　　2) 名前の由来……………………………………31
　　3.2 品種の特性と生産地 ……………………………32
　　　　1) 品 種 事 情……………………………………32
　　　　2) 植物学的特性…………………………………33
　　　　3) 主な品種とその特性…………………………34
　4. エ ン ド ウ………………………………………………36
　　4.1 植物学的分類と起源 ……………………………36
　　　　1) 植物学的分類と来歴…………………………36
　　　　2) 日本への伝播と和名の由来…………………37
　　4.2 品種の特性と生産地 ……………………………38
　　　　1) 品種の分類……………………………………38
　　　　2) 植物学的特性…………………………………40
　　　　3) 主な品種とその特性…………………………41
　5. ソ ラ マ メ………………………………………………43
　　5.1 植物学的分類と起源 ……………………………43
　　5.2 植物学的特性と生産地 …………………………44
　　　　1) 花 の 形 態……………………………………44
　　　　2) 種子の構造と特徴……………………………44
　　　　3) ソラマメの種類と生産地……………………45
　6. ダ イ ズ…………………………………………………47
　　6.1 植物学的分類と起源 ……………………………47
　　　　1) 植物学的分類と来歴…………………………47
　　　　2) 和名の由来……………………………………48

6.2 品種の特性と生産地 …………………………………49
    1) 品種の分類……………………………………………49
    2) 植物学的特性…………………………………………51
    3) 現在の生産地の状況と用途…………………………53
    4) 主な品種とその特性…………………………………54
7. ラッカセイ………………………………………………………60
  7.1 植物学的分類と起源 …………………………………60
    1) 植物学的分類と名称…………………………………60
    2) 原 産 地………………………………………………60
  7.2 品種の特性と生産地 …………………………………61
    1) 品種の分類……………………………………………61
    2) 植物学的特性…………………………………………61
    3) 現在の主産地…………………………………………62
    4) 主な品種とその特性…………………………………63
    5) 主な食品への用途と加工適性………………………65
8. 輸入豆類…………………………………………………………66
  8.1 タケアズキ ……………………………………………66
  8.2 サ サ ゲ ………………………………………………67
  8.3 リョクトウ ……………………………………………68
  8.4 ライマメ ………………………………………………69
  8.5 ヒヨコマメ ……………………………………………70
  8.6 ヒラマメ ………………………………………………71
  8.7 キ マ メ ………………………………………………72
  8.8 フジマメ ………………………………………………73

III 豆の利用

III-1 主にでんぷんを利用する豆 ……………………………76
1. 食への用途………………………………………………………76

目　次

- 1.1 あ　ん ……………………………………………76
  - 1) 製あんと豆の成分 …………………………76
  - 2) あんの種類と特徴 …………………………79
  - 3) あんの利用 …………………………………85
- 1.2 甘　納　豆 ………………………………………86
  - 1) 豆の水浸 ……………………………………86
  - 2) 煮熟方法 ……………………………………86
  - 3) 蜜（シラップ）漬け ………………………87
  - 4) 仕　上　げ …………………………………87
- 1.3 豆菓子類 …………………………………………88
  - 1) 煎　り　豆 …………………………………88
  - 2) 揚　げ　豆 …………………………………88
  - 3) 掛けもの（センターもの） ………………88
- 1.4 も　や　し ………………………………………88
  - 1) 製造方法 ……………………………………89
  - 2) 近代的なもやし製造システム ……………95
  - 3) もやしの成分組成 …………………………96
- 1.5 はるさめ …………………………………………98
  - 製造方法 …………………………………………98
- 1.6 ソラマメの加工 …………………………………99
  - 1) 揚げ菓子および焼き菓子 …………………99
  - 2) あ　ん ………………………………………99
  - 3) 辛　子　醬 …………………………………100
  - 4) 醬　油　豆 …………………………………100
- 2. 成分組成 ……………………………………………104
  - 2.1 炭水化物 ………………………………………104
  - 2.2 たんぱく質 ……………………………………107
  - 2.3 脂　　質 ………………………………………110
  - 2.4 ミネラルとビタミン類 ………………………111

目　次

- 2.5　その他特殊成分 …………………………………111
- 3. 栄養・機能 …………………………………………112
  - 3.1　雑豆類の栄養 …………………………………112
    - 1) 炭水化物 ……………………………………113
    - 2) たんぱく質 …………………………………114
    - 3) 脂質 …………………………………………114
    - 4) 無機成分とビタミン類 ……………………114
    - 5) その他特殊成分 ……………………………115
  - 3.2　生理的有害成分 ………………………………115
    - 1) 青酸配糖体 …………………………………116
    - 2) ソラマメの中毒 ……………………………118
    - 3) 血液凝集作用物質 …………………………118
- 4. 調理への利用 ………………………………………120
  - 4.1　煮豆類 …………………………………………120
    - 1) いとこ煮 ……………………………………121
    - 2) 花豆の甘煮 …………………………………122
    - 3) きんとん ……………………………………122
    - 4) うぐいす豆 …………………………………122
    - 5) お多福豆 ……………………………………123
    - 6) 富貴豆 ………………………………………123
    - 7) ひすい豆 ……………………………………123
    - 8) ポークビーンズ ……………………………124
    - 9) チリコンカン ………………………………124
  - 4.2　煎り豆 …………………………………………125
    - 1) 塩豆 …………………………………………125
    - 2) 醬油豆 ………………………………………125
  - 4.3　フライドビーンズ ……………………………125
  - 4.4　強飯および豆ご飯 ……………………………125
    - 1) 赤飯 …………………………………………125

目　次

- 2) 小豆飯 …………………………………126
- 3) 小豆がゆ ………………………………126
- 4) エンドウ飯およびソラマメご飯 ………126

4.5 汁　物 ……………………………………127
- 1) ソラマメのすり流し汁 …………………127
- 2) ソラマメおよびグリーンピースのポタージュ ……127

Ⅲ－2　主にたんぱく質を利用する豆 ………………128

1. 食への用途 …………………………………128

    1.1 ダイズの利用 ……………………………128
    - 1) ダイズ利用の概要 ……………………128
    - 2) 豆腐類 …………………………………130
    - 3) 納豆類 …………………………………139
    - 4) 豆腐および納豆における成分の変化と消長 ………140
    - 5) 味噌および醤油の製造と成分変化 …………142
    - 6) ダイズの新しい利用 ……………………143
    - 7) その他の大豆食品 ……………………145

    1.2 大豆もやし ………………………………146
    - 1) 製造方法 ………………………………146
    - 2) 大豆もやしの成分組成 ………………150

    1.3 ラッカセイの利用 ………………………150
    - 1) むき実・選別 …………………………151
    - 2) 煎り莢 …………………………………152
    - 3) 煎り豆 …………………………………152
    - 4) バターピーナッツ ……………………152
    - 5) ピーナッツバター ……………………153
    - 6) 砂糖まぶしなどの豆菓子 ……………153
    - 7) ゆでラッカセイ ………………………153
    - 8) 製菓原料 ………………………………154

2. 成分組成 …………………………………………………155
2.1 ダイズの成分 ……………………………………155
2.2 ラッカセイの成分 ………………………………159

3. 栄養と機能 ………………………………………………161
3.1 ダイズの栄養 ……………………………………161
1) たんぱく質 ……………………………………161
2) 炭水化物 ………………………………………161
3) 脂　　質 ………………………………………162
4) その他の成分 …………………………………163
3.2 ラッカセイの栄養 ………………………………164
1) 脂　　質 ………………………………………164
2) たんぱく質 ……………………………………165
3) 炭水化物 ………………………………………165
4) その他の成分 …………………………………165
3.3 ダイズの生理機能 ………………………………166
1) 生理的有害成分 ………………………………166
2) 生理的有効成分と機能 ………………………167
3.4 ラッカセイの生理機能 …………………………179
1) カビ毒など ……………………………………179
2) 生理的有効成分 ………………………………179

4. 調理への利用 ……………………………………………181
4.1 煮豆類 ……………………………………………181
1) 黒大豆の煮物 …………………………………182
2) 五目煮豆 ………………………………………182
3) 昆布豆 …………………………………………183
4) ぶどう豆 ………………………………………183
5) 座禅豆 …………………………………………183
6) ラッカセイの煮豆 ……………………………183
7) ダイズおよびラッカセイの塩ゆで …………184

4.2 煎り豆・揚げ豆 … 184
1) 煎 り 豆 … 184
2) 鉄火味噌など … 184
3) 醬 油 豆 … 184
4) フライドビーンズ … 184

4.3 酢豆・ひたし豆 … 185
1) 酢 豆 … 185
2) ひ た し 豆 … 185

4.4 豆 ご 飯 … 185
1) 黒豆ご飯および黒豆おこわ … 185
2) 大豆ご飯など … 185

4.5 呉 汁 … 186

4.6 和 え 物 … 186
1) ずんだ和え … 186
2) ピーナッツ和え … 186

4.7 打 ち 豆 … 187
1) 煮 な ま す … 187
2) 打ち豆ご飯 … 187
3) 打ち豆菓子 … 187

4.8 ダイズ粉 … 187
1) ず ん だ … 187
2) き な こ … 188

IV 海外における豆の利用

1. イ ン ド … 190
2. ブ ラ ジ ル … 192
3. ア フ リ カ … 193
4. 中 国 … 195

5. 東南アジア諸国 …………………………………197
6. まとめ …………………………………………199

V 豆を利用するための参考資料

1. 豆類の価格,流通,衛生法規 ……………………………202
   1.1 マメ類の市場価格…………………………………202
   1.2 国産豆類の流通について…………………………202
   1.3 輸入豆の関税割当制度のついて…………………203
   1.4 マメ類の食品衛生法に基づく注意点……………204
      1) 残留農薬基準について ………………………204
      2) シアン化合物含有マメ類の取扱い …………204
      3) カビ毒(アフラトキシン)について ………205
2. 豆に関する情報・研究・専門の機関一覧 ………………206
3. マメ類の統計表 ……………………………………………208

参考文献 …………………………………………………………217

推薦図書 …………………………………………………………227

索引 ………………………………………………………………231

I 序　　論

I 序　論

1. マメ類の生産と需要

　マメ科植物は世界各地で広く栽培されており，温帯から熱帯，高湿度から乾燥に至る幅広い気候に適した多種類のものがある．根に共生する根粒バクテリアにより空気中の窒素を固定できるため窒素肥料を節約できる点もマメ科植物の特徴である．完熟豆の多くはでんぷん，たんぱく質を豊富に含み，食糧資源としての長い歴史を持っている．また保存性にすぐれていることもその価値を高めている．

　世界におけるマメ類の最近の生産量はダイズが年間1億3,000万t内外，ダイズ，ラッカセイを除く一般のマメ類（雑豆類）が6,000万t以上と推定される．ダイズの大生産国はアメリカ，ブラジル，中国であり，インゲンマメ，ササゲ，エンドウなど雑豆類はインド，ブラジル，トルコ，中国などである．わが国では最近色々な理由で生産量が減少しているが，ダイズが年間25万t，雑豆類で12万t程度である．他に需要を賄うため諸外国から輸入されており，その量は年間の製油用を除く食品向けダイズ80万〜90万t，アズキ，インゲンマメ，リョクトウ，ソラマメ，エンドウなど計10数万tである．国産のマメ類の生産量が減っているのはこれら輸入豆の価格が安く，また国産の場合，地域の栽培条件が異なるため，食品向けの品質の均一化がむずかしい点も影響していると考えられる．

　最近のわが国の1人1日当り全供給エネルギー，全供給たんぱく質量からみると，マメ類はそれぞれ全体の5％および10％程度で，漸減の傾向にある．これはマメ類の主要な用途が味噌，醤油，豆腐，あん，煮豆など伝統食品であるからであろう．しかし，これ

らの食品を含めたマメ類食品の見直しは，食文化，健康，資源，環境など多方面からその必要性が認識され始めている．栽培，育種から加工，調理に至るマメ類の利用拡大のための行政措置，情報活動，研究開発などが強く望まれているところである．

2. マメ類の特徴

　マメ科植物はアジア，南北アメリカ，インド，アフリカを始め，各地域で多くの種類のものが栽培され，人々に必要な栄養源となってきた．マメ類は穀類のような主食ではなく，むしろ副食として食事の多様化を進め，また栄養を補完する役割を果たしている．穀類食品では原料のコメでもコムギでも食用に供するために不消化な部分を取り除く必要がある．このことは，それだけ手間や設備を必要とし，また資源的にロスを伴い，さらに出来た精白米なり小麦粉は栄養的な偏りを生じ，例えば食物繊維，無機成分，ビタミン類の含量は原料に比べて大幅に低下する．これに対し，マメ類は本来的に種々の成分を比較的バランスよく含み，これをそのまま調理加工に利用できるため上記の成分は穀類食品に比べて豊富に含まれている．

　マメ類は穀類加工品，特に精白米，小麦粉に比べると貯蔵性が高い．これは外側の皮や組織そのものの構造などによるものである．それでもマメ類は東南アジア，アフリカで保管中の被害が指摘されている．また，マメ類は一般に調理に時間を要し，単に煮たり，煎っただけでは消化がよくない上に風味の単調さなどの問題がある．そのためマメ類を食卓にのせるためには従来さまざまな工夫がなされてきた．豆の性質の違いや地域における各種の条件の違いで多数の加工品や料理が考え出されている．いわゆる副食としての価値は極めて高い．

　マメ類が世界に広く栽培されていることは，それぞれの気候，風土に適していることであり，これは特有の遺伝的な性質である．マ

メ類の中には色々な理由で栽培が減っているものがあるが，今後これらのマメ類の持つ特性に注目して，その保存と活用を期待したい．

3. マメ類の成分組成と調理・加工

マメ類は，でんぷんを主成分とする豆，例えばアズキ，インゲンマメ，ササゲ，エンドウ，ソラマメなどと，たんぱく質および油脂を主成分とする豆，例えばダイズ，ラッカセイに大別される．でんぷん系のマメ類にはでんぷんの他に，たんぱく質も含まれ，その量は20％内外で，穀類食品の10％（以下）の2倍に達する．たんぱく質系のダイズ，ラッカセイでは，たんぱく質25〜40％，脂肪20〜45％で高たんぱく質，高脂肪である．マメ類のたんぱく質は穀類（特にコムギ）のたんぱく質に比べて栄養的にすぐれていることも特性とみるべきである．また，前記の精白米，小麦粉では，たんぱく質はそれぞれ7％内外および8〜12％である．そして食物繊維0.8％，2.5〜2.8％，無機物（灰分として）0.6％，0.4〜0.5％，ビタミン B_1 0.12mg％(mg/100g)，0.17mg％であるのに対し，アズキでは食物繊維17.8％，無機物（灰分として）3.3％，ビタミン B_1 0.45mg％で，精白米，小麦粉を大幅に上回っている．

豆類には各種の色素，サポニン，レシチンなど最近注目されている生体調節成分を含むものがある．

また一方で血液凝固作用，消化酵素阻害物質など有害成分を含むものもあるが，多くの場合加熱などで分解，消失することが多い．

でんぷん系のマメ類を食用に供するには吸水後長時間の加熱が必要で，時間と手間を要することになり，そのため豆を多く消費する国々ではそれぞれ色々な工夫を行っている．広く知られているのは，インドでは豆をひき割って皮を除き，ダール（dahl）にしていることである．このものは水の吸収が早く，また丸豆よりもはるかに早く煮える特徴がある．南アメリカのブラジルではインゲンマメ系の

豆を使うことが多く,皮がうすく,組織も軟らかいのでダールにすることはない.また地域によっては炭酸塩などを加えて煮熟時間を短縮している.煮熟した豆はそのまま,あるいはつぶしてペースト状にした後,香辛料や調味料を加えることが多い.豆を少し発芽した状態にすることでも煮熟を容易にできる.

わが国におけるでんぷん系の豆の調理,加工法としては煮豆,煎り豆,フライドビーンズなど比較的簡単な操作で作られるものが広く普及している.しかし量的に最も多く行われているのは,あんに加工することである.あんはアズキ,インゲンマメが主原料で,煮熟豆を磨砕して皮を除き,さらに可溶成分を捨てて残った粒子を集めたものである.でんぷんは糊状にならず細胞の中に閉じ込められたまま膨化している.あん粒子は豆の細胞一つ一つがばらばらになったものであるから舌の上でさらさらした感触がある.あんは羊かん,汁粉その他和菓子原料として広く用いられている.このほか赤飯に炊き込むササゲ(またはアズキ),もやしに加工されるリョクトウがあり,エンドウ,アズキの粉は製菓原料となる.リョクトウからでんぷんを取り出し,これを麺に仕上げたものが「はるさめ」である.わが国では,はるさめの原料として輸入リョクトウも用いられるが,ほとんどがカンショでんぷんやバレイショでんぷんを原料としたものである.

一方,たんぱく質系の豆であるダイズは世界的にみると,食用に供しているのは東アジア諸国やインドネシアが主で,アメリカやブラジルではダイズ生産量の大部分は油の原料となり,脱脂ダイズは主に家畜の飼料に向けられている.わが国では食品用に年間約100万t近いダイズが用いられている.その用途は別に詳しく説明があるが,味噌,醤油,豆腐,凍り豆腐,納豆などである.

本来ダイズは組織が硬いので調理,加工のためにはでんぷん系の豆とは違った種々の工夫がなされてきた.乾燥状態で粉砕するより十分吸水させてから磨砕機や石臼を用いた方がエネルギー消費が少

ない．水挽きと呼ばれ，東アジアで広く用いられる．水挽きダイズは加水，加熱，沪過して豆乳とし，さらに豆腐に加工する．またダイズを煮熟するには，でんぷん系の豆よりさらに高温，長時間を必要とするが，十分軟らかくなった煮熟ダイズに微生物を繁殖させて成分の一部を分解して風味をよくし，また消化率を高めたものが納豆である．また麹菌を繁殖させた米麹や麦麹などを煮熟ダイズと食塩水と混ぜて半固形状で仕込み，数か月熟成させたものが味噌である．醬油は液状に仕込んで1年近く発酵させて出来上がる．

　ダイズから油をとった残りの脱脂ダイズは，わが国でも主に家畜の飼料に用いられているが，醬油には以前から脱脂ダイズが用いられている．脱脂ダイズを食品に加工しようとするアメリカの動きもあって畜肉，魚肉加工品に似た食感を持った食品が市場に出ており，この中には脱脂ダイズからたんぱく質を分離してこれを加工したものも含まれている．

　ラッカセイも油脂原料として用いられるが，食用としてはピーナッツバター，バターピーナッツ，煎り豆などがあり，ダイズのような多様な用途はない．

〈渡辺篤二〉

II 豆の基礎知識

II 豆の基礎知識

1. アズキ

学名 *Vigna angularis* (Willd) Ohwi & Ohashi
和名 小豆
英名 Adzuki bean, Small red bean

1.1 植物学的分類と起源

1) 植物学的分類と学名

アズキはマメ科に属する植物で、ササゲ属 (*Vigna*)、アズキ亜属 (*Ceratotropis*) に分類される。以前はアズキ属 (*Azukia*) が提案されたり、インゲンマメ属 (*Phaseolus*) とされたことがあった。現在アズキは、Verdcourt (1970) により、アメリカ大陸起源のインゲンマメ属とは花柱の形態が異なり、ササゲ属の形態に似ていることから、ササゲ属の概念が広がり、アズキを含むいくつかの種がインゲンマメ属からササゲ属へ移された。さらに Marechal ら (1978) が新分類体系を提案し、ササゲ属は、近縁のインゲンマメ属とともにインゲンマメ・ササゲ複合体 (*Phaseolus-Vigna* complex) と呼ばれる分類学的に複雑な分類群を形成している。

アズキ亜属に含まれる種はアジアとインド亜大陸に分布し、花は黄色でササゲのように左右対称ではなく、柱頭と雌しべを含む竜骨弁がねじれている。主なアズキ亜属にはリョクトウ (緑豆, green gram：学名 *Vigna radiata* (L.) Wilczek)、ケツルアズキ (black gram：学名 *Vigna mungo* (L.) Hepper)、タケアズキ (竹小豆, rice bean：

学名 *Vigna umbellata* (Thunb.) Ohwi & Ohashi）があり，日本ではリョクトウは「はるさめ」や「もやし」，ケツルアズキは「もやし」，タケアズキは「あん」原料に使われている．

2) 地理的起源（原産地）

アズキの植物学的起源については，ヤブツルアズキ（*Vigna angularis* var. *nipponensis* Ohwi & Ohashi）が先祖種とされ，日本，朝鮮半島，中国，ネパール，ブータンなどに広く分布する．しかし，いずれの地域を原産地とするかはまだ定説がなく，一般的な学説としては中国西南部からブータンにかけてのヒマラヤ南麓に広がる照葉樹林地帯，中国西南部から日本を含む地域などがある．

ところで，中国では，紀元前1世紀の黄河中流の山西省の黄土高原地帯の農業を表す最古の農業書である『氾勝之書（はんしょうのしょ）』や6世紀に書かれた農業書である『斉民要術（せいみんようじゅつ）』にアズキの栽培法が記載され，また日本では縄文時代の遺跡からもアズキが発見され，『古事記』，『日本書紀』では五穀の一つとされているように，古くから利用されている．しかし，栽培地域は中国大陸，台湾，朝鮮半島，日本など東アジアに限られている．これらの地域で，アズキの赤い色の種子は古代中国の陰陽五行説（いんようごぎょうせつ）と結びついた儀礼習俗や薬効と結びつき，特異的に発達してきた．そのため世界的には従来，経済的価値が低く，欧米での植物学的，農学的研究が遅れていた．

3) 和名の由来

小豆と書いてアズキまたはショウズと呼ぶが，元々，これはダイズ（大豆）に対する名称で，古代では大型の豆に対して小型の豆と言う意味で使われ，必ずしも今のアズキのことではなかったようだ．

日本で，この豆がなぜアズキと呼ばれるようになったのか．その語源について調べると，まず平安時代の『本草和名（ほんぞうわみょう）』には阿加阿都岐（アカアツキ）と言う名で顔を出し，江戸時代には阿豆岐（アズキ），阿加阿豆岐（アカアズキ）と呼ばれている．

江戸時代の学者で，『養生訓（ようじょうくん）』で有名な貝原益軒の説では，ア

とは赤色のことで，ツキ，ズキは溶けるという意味で，要するに，赤くて，他の豆よりも早く軟らかくなることから，アズキと呼ぶようになったと言うことである．

　また，アズ，アヅは『地名用語語源辞典』によると「崖崩れ」，あるいは「崩れやすい所」の意味で，他の豆と比べて煮崩れしやすいことから，アズキという名がついたとの説もある．なお，赤小豆，赤豆などとも書き，赤粒木（アカツブキ）からアズキになったとも言われている．なお，英名は adzuki bean, azuki bean であるが，前者が多く使われる．なお，最近は欧米でも azuki で通用すると言う．

1.2　品種の特性と生産地

1)　品種の分類

　アズキの分類には，①成熟期，粒大，種皮色および葉形などに基づく分類や，②開花，結実の習性の違いに基づく分類，③到花日数（発芽期から開花始めまでの日数）と結実日数（開花始めから成熟期までの日数）の組み合わせによる分類など，数多くある．

　成熟期による分類は開花習性によるもので，大きくは夏アズキと秋アズキに分けられる．一般に作物の開花は日長時間（1日の日の長さ）の長短（感光性）と温度（感温性）で決定される．

　夏アズキは感温性が強く，ほとんど感光性がないことから一定量の生育に達すると開花するもので，本州では5月上中旬に播種した場合，夏が収穫期となることからこの呼び名がある．本州では，かつて夏アズキの栽培があったが，子実の大きさが小さくて色が濃いことから，現在はほとんど見られなくなっている．北海道で栽培されているアズキはすべて夏アズキで，その中でも成熟期の違いで早生，中生，晩生品種の区別がなされている．

　一方，秋アズキは感光性が強く，日長が一定時間より短くなってから花芽が分化するもので，日長時間は13時間50分前後とさ

れている。このため、感光性の強い品種は開花が8月下旬〜9月上旬となり、北海道での栽培は不可能である。本州の暖地では秋アズキは7月中旬に播種され、収穫時期は10〜11月である。秋アズキを5月上中旬に播種すると、開花までの期間が長く、過繁茂またはつる化して減収することがある。また、秋アズキは開花期間が長く、一斉に莢が熟さないため、収穫は熟莢から順次、手摘みされる。

　一方、マメ類の子実の大きさは一般に百粒重（子実100個の重さ）で表すが、野生種のアズキでは2〜3gと小さく、栽培種の最大のものは30g近くなる。アズキは百粒重で、①小粒：10.0〜14.0g、②中粒：14.1〜17.0g、③大粒：17.1g以上に分け、流通時の銘柄区分では小粒と中粒を合わせ「普通小豆」とし、大粒種を「大納言」としている。北海道では、百粒重が17g以上のものを「大納言小豆」として品種登録したもので、流通では1.9分篩（5.4mm）以上の粒で2分（6.0mm）以上が4割以上を占めるものである。上記の規格を満たす普通小豆を通称「大粒小豆」と称し、大納言と区別している。本州では、兵庫県、京都府で栽培される「丹波大納言」が有名で、現在の北海道の大納言品種と由来が異なり、百粒重が25g前後と大きく、種皮色、粒形が異なり、北海道の大納言より高く取引されている。一般的には、粒大に基づくこの分類が広く使われ、普通小豆はこしあん用に、大納言は甘納豆や粒あんなど粒を活かした用途に利用されている。

2) 植物学的特性

　アズキはマメ科の一年生草本で、北海道では5月下旬に種をまき、9月中下旬に収穫する。ダイズに似て低温や多湿に弱いが、生育期間が短く、寒地や高冷地でも栽培が比較的容易である。
　播種適期は晩霜害の恐れがなくなった頃で、主産地の十勝、網走、上川地方では5月下旬である。発芽は地温、土壌水分などに左右されるが、平均的には播種後、2週間程度である。特に、地温の影響

を強く受け，地温上昇につれ，発芽までの日数は短縮される．

アズキは，子葉を地中に残し胚軸(はいじく)が伸び，初生葉(しょせいよう)などの幼芽が地表に現れ発芽となる．子葉は発芽のためのエネルギー供給源としての役割を担っている．発芽後，開花期まで1週間～10日に1枚の割合で本葉を展開するが，葉はその形から円葉型(まるは)と剣先型(けんさき)に分けられる．葉は三つの小葉からなる複葉で，互生する．小葉の基部の両側に裂片があるのが剣先型で，ないのが円葉型である．両型は，葉が最も細い細剣先から，剣先，広剣先そして円葉と，連続的に変わる．

ほとんどの品種は茎が直立し，高さは30～60cmになるが，つる性の在来種は2～3mにもなる．その茎色は一般的には緑であるが，紫褐色の品種もある．葉と茎の付け根（葉腋(ようえき)）から長い花軸を出し，2～3対の黄色い5弁の蝶(チョウ)の形の花を着ける．花色は濃淡の差はあるが，全て黄色である．

莢は長さ6～12cmの細長い円筒形で，垂れ下がって着き，熟すと極淡褐色（一般的には淡黄色と呼ばれる），淡褐色，褐色（赤莢）または黒褐色（黒莢）になる．1莢の種子数は平均5～7粒で，最大12粒程度である．

種子は円筒形で，両端が丸いが，短円筒，円筒形が多く，品種によっては烏帽子(えぼし)形をしたものもある．種子の大きさも色々で，前述したように，その大小から小中粒の普通小豆と，大粒種の大納言に分けている．

なお，大納言の名前の由来は，美濃国(みののくに)岐阜大納言の領土に多く産したために，この名がつけられたとの説，あるいは「アズキを煮た場合，腹（臍(へそ)）が切れるので昔，これが切腹に通じるとして，それを嫌って腹の切れにくい大粒のアズキを，腹を切らなくてもよい貴族にたとえて大納言と称した」との説があり，かつては「尾張(おわり)大納言」と呼ばれる在来種があったようである．

種皮色は，多くはいわゆる小豆色（赤色）だが，全体を大きく単

1. アズキ

色と複色に分け，単色の中に赤，黄白，灰白，茶，黒，緑があり，複色を斑紋色と部分色に分けている．赤色も濃淡があり，莢が熟す

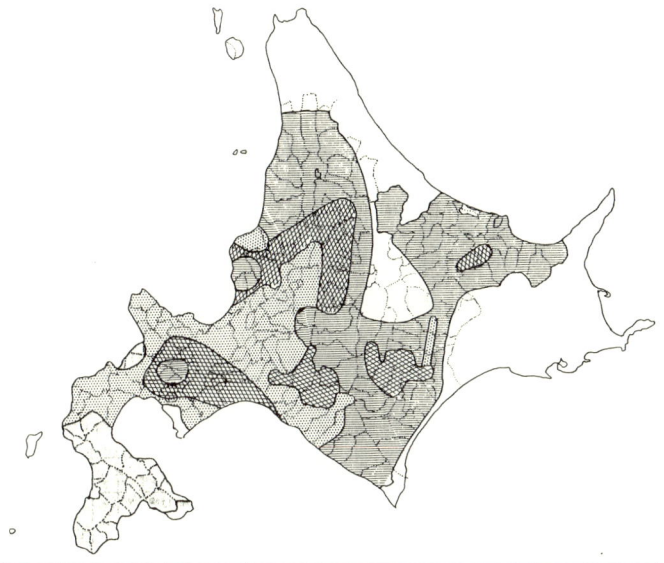

地帯区分番号	色別表示	地帯区分	熟期別区分内容	主要品種名
第1地帯	≡≡≡	早生種地帯	6～9月の平均気温15.5～16.7℃または無霜期間が130日未満の地帯．	サホロショウズ
第2地帯	▩▩▩	早・中生種地帯	6～9月の平均気温15.5～16.7℃で無霜期間150日以上または平均気温16.8～18.3℃で無霜期間130～149日の地帯．	サホロショウズ エリモショウズ きたのおとめ しゅまり アカネダイナゴン とよみ大納言
第3地帯	⋯⋯⋯	中生種地帯	6～9月の平均気温18.4℃以上で無霜期間が170日未満または平均気温16.8～18.3℃で無霜期間が150日以上の地帯．	エリモショウズ きたのおとめ しゅまり アカネダイナゴン ほくと大納言 とよみ大納言
第4地帯	▨▨▨	中・晩生種地帯	6～9月の平均気温18.4℃以上で無霜期間170日以上の地帯．	エリモショウズ きたのおとめ しゅまり アカネダイナゴン ほくと大納言 とよみ大納言

図1.1 アズキの品種作付地帯区分（北海道）

頃の気温が高いと濃くなる．斑紋色も地色が赤の斑色（赤斑），地色が灰色のネズミ斑，地色が緑色の緑斑などがある．

一方，部分色の種皮色を持つものとして，白の地色に赤の部分色を有する姉子がある．東北地方では，この白と赤のまだらなアズキを「姉子小豆」と書き，アネゴショウズではなく，アネッコショウズと呼んでいる．

3） 現在の生産地

世界的には，東アジアが生産の中心だが，近年，南アメリカのアルゼンチンやアメリカ，カナダなどでも生産されている．これらの栽培は，日本への輸出が主目的で，世界を駆け巡る日本の商社の功績と言えよう．

日本では北海道が代表的な産地で，全国生産量（平成10年：7.76万t）の85%を占め，その作付面積は，2年続きの在庫の拡大や不景気による消費減退などに伴う価格の低迷などから，やや減少したものの，30,800haとなっている．次いで福島，岩手などの東北地方で作付が多い．

北海道内の主要栽培地は，十勝（12,400ha）地方を筆頭に，上川（5,510ha），空知（3,240ha），後志（2,150ha），石狩（2,120ha）の各地方が続く．なお，大粒の大納言は道南の胆振，檜山地方や道央の空知，石狩地方などで多い．

これらの品種は，北海道においては地帯別作付基準（図1.1）に基づき，各地域で栽培されている．

4） 主な品種とその特性

凡例：「エリモショウズ（小豆十育97号，あずき農林4号：1981〜　）」
　　　　品種名　　　　系統名　　　　登録番号　　決定年〜廃止年

「**エリモショウズ**（小豆十育97号，あずき農林4号：1981〜）」は，十勝農試で「寿小豆」を母，「十育77号」を父として育成された中生（中の早），中粒種の品種である．多収で耐冷性が強く，加工適性にも優れているため，急速に普及し，作付面積1位を占めるに至っ

た．子実（粒）はやや長円筒形で，粒大は中，粒揃いがよく，種皮色も明るく，淡色嗜好のあん向きとして，加工関係者にも高い評価を受けている．主要な栽培地は十勝，上川，空知地方である．

「**サホロショウズ**（小豆十育120号，あずき農林7号：1989〜）」は，「アカネダイナゴン」を母に，「中国在来1号」を父に交配し，「ハヤテショウズ（1976〜1996年間，栽培）」の小粒，濃赤粒の多発に対処するべく育成された品種である．開花期，成熟期は中生，子実収量は311kg/10a程度（平成6〜8年の平均）で，耐冷性は中であるが，耐倒伏性は強い．子実は円筒形で百粒重は15.4g（中の大）で，早生中粒種に属する品種である．種皮色は赤で，濃赤粒の発生は少ない．主要な栽培地は網走地方である．

「**きたのおとめ**（小豆十育127号，あずき農林10号：1994〜）」は「エリモショウズ」を母に，東北地方の「円葉（刈63）」のアズキ落葉病抵抗性を導入した系統を父として育成されたもので，落葉病，萎ちょう病抵抗性品種である．開花期，成熟期，草型，粒形，種皮色は「エリモショウズ」に類似するが，百粒重はやや小さく，落葉病の多発圃では「エリモショウズ」の倍以上の収量性を示すが，落葉病が発生しない場合，収量がやや劣ることがある．主要な栽培地は十勝，上川，空知地方で，落葉病の発生の恐れのある圃場で栽培されている．

「**しゅまり**（小豆十育140号，あずき農林12号：2000〜）」は中生，良質のアズキ茎疫病抵抗性「十系494号」を母に，アズキ落葉病，萎凋病抵抗性「十系486号」を父として育成されたもので，重要な土壌病害であるアズキ落葉病，茎疫病，萎凋病抵抗性を持つ初めての品種であり，加工製品はあん色が良好で風味が強いと実需者の評価されている．主要な栽培地は開花期頃の耐冷性はやや弱であるので，道央，道北，道南の中生種栽培地帯などのこれら3土壌病害の発生地帯である．

一方，北海道産の大粒種の大納言としては，古くは晩生大粒種の

中国東北部から導入，選抜された「早生大粒1号」が名を馳せていたが，現在では「アカネダイナゴン」「ほくと大納言」「とよみ大納言」などが主流を占め，府県産大納言としては「新京都大納言」や「兵庫大納言」「新備中大納言」や「岩手大納言」などがある．「丹波大納言」系の「新京都大納言」「兵庫大納言」「新備中大納言」は，その名が示すとおり，京都府，兵庫県を中心に作られている極大粒小豆で，銘柄品種となっている．その他，青森，岩手，福島，石川の各県でも大納言が栽培され，これら大納言はいずれも外観がよく，形を活かして粒あんや，甘納豆などに加工されることが多い．

「**アカネダイナゴン**（小豆十育69号，あずき農林1号：1974～）」は，大粒，良質，安定，多収を目的に，「能登小豆」を母に，「早生大粒1号」を父として育成された品種である．百粒重18g（粒大は大）程度の，中生大粒種である．種皮色は濃赤で，子実は烏帽子型である．主要栽培地は石狩，空知，檜山地方である．

「**ほくと大納言**（小豆十育133号，あずき農林11号：1996～）」は，「十育113号」（ベニダイナゴン）を母に，良質の「十育80号」を父として育成された中生の品種である．子実は円筒形を呈し，粒大は極大（百粒重22g前後）で，種皮色は淡赤，加工適性良の中生大粒種である．道央，道南の大納言栽培地帯が主産地である．

「**とよみ大納言**（小豆十育143号，あずき農林13号：2001～）」は，極大粒育成系統「92089（F6）」を母に，極大粒で落葉病・萎凋病抵抗性の育成系統「十系564号」を父として育成された中生の晩の品種である．父親と同じ耐病性を持ち，百粒重は「ほくと大納言」よりやや大きく（百粒重22g前後），種皮色は明るい赤色で，外観品質も良好で，雨害による濃赤粒の発生が少ない．道央，道南の大納言栽培地帯が主産地である．

5） 北海道産アズキの用途

国産アズキの消費は，製あん用が全体の約7割となっているが，北海道産アズキに限定すると，その品質の良さから，菓子，甘納豆

用に約5割程度利用されている．特に，大納言小豆はその粒大の大きさを活かし，菓子，甘納豆用に使われ，普通小豆は赤飯，あん，汁粉(しるこ)，羊かんなどの製造に用いられることが多い．

一方，種皮色が白色の品種は，一般に白小豆（シロショウズ）の総称で流通している．粒大は小粒〜中粒で，白あんに加工される．普通，白あんの製造にはシロインゲンマメが用いられるが，白小豆で作った方が独特の風味があり，味がよいため，高級あんの原料として需要は絶えない．栽培規模は小さいが，北海道および岡山，群馬県の一部で生産されている．

なお，白小豆としては，岡山県を中心に，「備中白(びっちゅうしろ)」と呼ばれる銘柄で栽培されているが，北海道で初めての白色種の中生中粒小豆としては，「ホッカイシロショウズ（小豆十育93号，あずき農林3号：1979〜）」がある．胆振，上川，空知などにおいて，ごく小面積の栽培がなされている．また，兵庫県では大粒の「白雪大納言」が育成されている．

（相馬　曉・村田吉平）

2. インゲンマメ

学名 *Phaseolus vulgaris* L.
和名 隠元豆，三度豆，二度なり豆，唐ささげ，菜豆
英名 Common bean

2.1 植物学的分類と起源

1) 植物学的分類と来歴

インゲンマメはマメ科，インゲンマメ族，インゲンマメ属 (*Phaseolus*) に属する主に一年生の草本である．染色体数は $2n=22$，学名は *Phaseolus vulgaris* L.で，英名では commom bean (bean のみでもインゲンマメを示すこともある)，豆の種類によっては kidney bean, French bean, navy bean, cranberry bean などとも呼ばれる．

Phaseolus 属には4種類の栽培種，インゲンマメ (*Ph. vulgalris* L.)，ベニバナインゲン (*Ph. coccineus* L.)，ライマメ (*Ph. lunatus* L.)，そしてテパリーマメ (*Ph. acutifolius* A. Gray) があり，インゲンマメ，ベニバナインゲンが日本で栽培されている．

植物学的起源については，1966～67年にアメリカの Gentry らによって行われた調査・採集で，メキシコ西部，グアテマラ，ホンジュラスを含む地域で多くの野生種を採集し，その中に多くの変異が見られたことから，この地域が原産地とされている．そのほかに，南北アメリカ大陸の幾つかの遺跡においてもインゲンマメが出土しており，紀元前後には北アメリカおよび中央アンデス地帯で広く栽培されていたと見られる．

このように，コロンブスがアメリカ大陸に辿り着く以前に，南北アメリカ大陸にかなり広範囲に広がっており，インディオと勝手に

名付けられた先住民達が，トウモロコシとインゲンマメを混植し，彼らの重要な食料として利用していたと言われる．

その後インゲンマメは，トウモロコシやタバコ，カボチャ，ジャガイモなどと一緒にヨーロッパ大陸に伝わり，栽培されるようになった．アジアへはヨーロッパを経て伝えられ，短い期間で世界各地へ伝播して行き，今日，世界的な主要作物としての地位を占めるに至った．

2) 和名の由来

インゲンマメは和名を隠元豆と表記するが，その名前の由来は，この豆が，明の帰化僧・隠元禅師（宇治にある黄檗山万福寺の開祖）によって，日本へもたらされた（1654年，承応3年）ためとされている．もっとも隠元禅師が持ってきたのは，実は別種の「フジマメ」だったと言う説もあるが，いずれにしても，これを機に隠元禅師の豆，隠元豆との名がつき，その名が今日に伝わっている．

ところで，フジマメ（*Lablab purpureus* L.）は，熱帯アジアが原産で，インドや中国南部が栽培の中心地となっている．つる性で，花がフジの花に似ていることから，フジマメと名付けられている．

一般的にインゲンマメと言うが，地方によっては三度豆（サンドマメ），二度豇豆（ニドササゲ）などとも呼ばれる．また，北海道には大豆・小豆に対し，インゲンマメには菜豆（サイトウ）と言う，独特の呼称があるが，これは明治以後の北海道開拓使が，海外から導入した畑作物として，インゲンマメの栽培を奨励するに当っての用語である．

ところで，関西では，今でもフジマメをインゲンマメと呼び，本来のインゲンマメは三度豆と呼ぶ人が多い．この名の由来は，年に3回収穫が可能なことによるとされているが，実際には，年に3回も収穫を行うことは不可能に近く，信憑性は疑わしく，作りやすさを強調した誇張表現とも言える．

一方，関東地方では，インゲンマメを五月豇豆（ゴガツササゲ：5

月に取れるササゲ），唐豇豆（トウササゲ：中国から来たササゲ）と呼び，本来のササゲと区別している．このように，一部にはササゲ，ササギと呼ばれ，しばしば混同されることがあるが，植物名としてのササゲは Phaseolus 属ではなく Vigna 属に属する別の種，別の作物 (Vigna sinensis (L.)) である

2.2 品種の特性と生産地

1) 品種の分類

今やインゲンマメは世界各地で広く栽培され，目的に応じた選抜，育成が続けられ，その形質の変異も拡大していった．例えば，粒大は百粒重で 20～100g の幅があり，種皮色も多種多様である．また，野菜として利用される生食用の軟莢種，いわゆるサヤインゲンと子実用の硬莢種と，用途別に品種が分化した．なお，本書では生食用の軟莢種を除いて述べる．

子実用インゲンマメの分類は，一般的に次のようになされている．

① 生育型による分類

植物体の生育が"有限伸育"（determinate）であるか，"無限伸育"（indeterminate）であるかにより大きく分けられる．"有限伸育"とは生育途中で成長点の先端が花芽に分化し，その後生殖成長に移行する草型を指す．"無限伸育"とは生育途中で成長点が花芽に分化することなく，常に栄養成長を続けるものを指す．

インゲンマメではさらに栽培上の観点から分類され，有限伸育の中では矮性（dwarf）と叢性（bush）の二つに分けられる．矮性は主茎が堅く，直立で分枝が少ないのに比べ，叢性は分枝が多く，主茎は軟弱で草型が繁茂するものとされる．北海道における品種を分類する上では現在も広く用いられる．一方，無限伸育の中では半つる性（semi-viny）とつる性（viny）に分けられる．半つる性は生育期間の草丈が 1～2m 程度で支柱を使わなくても栽培できるもの，つる性は生育期間の草丈が 2m 以上となり支柱に絡ませて栽培し

なければならないものを言う．しかし，多くの無限伸育品種の中には中間的なものも存在し，栽培地域の気候，風土によって多少変わり得るものである．

② 種皮色による分類

インゲンマメの種皮色は多様な分化をしており，その一つ一つを区分けすることは容易ではない．しかし便宜上，大きく分類すると以下のようになる．

```
インゲンマメ ─┬─ 白色種
              └─ 着色種 ─┬─ 単色種
                          └─ 斑紋種 ─┬─ 普通斑紋種
                                      └─ 偏斑紋種
```

(1) 白 色 種

種皮色が白色で単一色のもの．日本では手亡(てぼう)類，白金時(しろきんとき)類，大福(おおふく)類などがこの中に含まれる．また，輸入されるインゲンマメの中ではネービービーン (navy bean)，ピービーン (pea bean)，小白芸豆などが含まれる．

(2) 着 色 種

① 単色種

種皮色が白色以外で斑紋のないもの．日本では金時類がこの代表で，赤紫色の種皮色である．諸外国には種々の色のインゲンマメがあり，金時類より薄い赤系のキドニービーン (kidney bean) は北アメリカ地域，黒色のインゲンマメはブラジルなどで多く栽培され，黄色や淡褐色のインゲンマメも中南米の国で栽培されている．

② 斑紋(はんもん)種

・普通斑紋種

種皮全体に斑紋のあるもので，日本では淡褐色地に濃い赤紫色の斑紋がウズラの卵のように着く中長鶉(ちゅうながうずら)類が代表的である．同じく淡褐色地に赤紫色のウズラ斑紋がある長鶉類は戦前を中心

に輸出用として栽培されていた．これ以外にも在来種には，地色が少なく斑紋色の割合の多いキジの卵のような斑紋を有するもの，貝殻のように環状に斑紋のあるもの，種皮全体に絣(かすり)状に斑紋のあるものなどがある．

・偏斑紋種(へんはんもん)

白色地の子実の臍(へそ)側を中心に単色または複数色の斑紋があるもの．虎豆(とらまめ)類は種皮全体の 1/4 程度に虎皮のような濃淡の黄褐色の斑紋を有する．在来種の中には，白色地に臍部周辺が黒色の通称「パンダ豆」や白色地に斜め 1/2 程度濃淡の赤紫色の斑紋がある「姉子豆(あねごまめ)」，白色の地色に大小の赤紫色の水玉模様がある「紅絞(べにしぼり)」などは変わった斑紋を持つインゲンマメとして知られる．

③ 使用用途による分類

インゲンマメは日本では比較的例外的な使われ方をしている．外国では肉食の付け合わせ，サラダ，煮込み料理などの"おかず"として食卓に上るが，日本では味付けされた「あん」，煮豆，甘納豆(あまなっとう)，きんとんなどの嗜好食品として食べられる．そのため使用用途による子実の大小，色，形の違いで分類される．

2) 植物学的特性

インゲンマメはインゲンマメ属を代表する一年生草本で，つる性と矮性（つる無し）に大別されるが，中間的なものも存在する．草丈は，つる性が 150〜300cm，矮性が 30〜50cm で，葉は心臓形をした三つの小葉からなる複葉で，互生する．夏，葉腋(ようえき)（茎と葉の付け根）から花軸が伸び，蝶形の 5 弁花を 2〜3 個つける．花色は白色，淡黄色，紫色，紅色などで，莢は幅 1〜2cm，長さ 10〜20cm と細長く，中に 5〜7 粒の種子が入っている．種子は，1〜1.5cm の腎臓形もしくは長球形をしており，色は白色，褐色，赤紫色，黒色などのほか，斑紋のあるものなど様々である．なお，子実の大小基準は，百粒重が 25〜45g を小粒，46〜70g を中粒，70g 以上を大

粒と見なしている．

インゲンマメは温暖な気候を好み，高温では落花しやすい特性がある．生育と結実の適温は15〜25℃で，多湿に弱く，収穫時の降雨は金時豆の色ながれ（種皮色が溶けて流れてしまう）の原因になる．

以上，インゲンマメの植物学的特性について概論的に述べたが，実際の北海道におけるインゲンマメの生育経過は，胆振(いぶり)地方と網走地方の一部に栽培されているつる性のインゲンマメと，十勝，網走，上川地方を中心とした矮性種と半つる性種のインゲンマメではかなり異なる．

3) 現在の生産地とその状況

インゲンマメは生育期間が短く，北海道の畑作地帯ではどこでも栽培可能であるが，地帯により低温年に霜害を被り，また，成熟期前後の降雨により，色流れなど品質が著しく劣化する．さらに気温の比較的高い地帯では小粒化が問題となる．高品質生産のため，これらの条件を十分に考慮し栽培する必要がある．問題点を二つの栽培地帯区分に分け，整理して示す（表2.1）．

表2.1 インゲンマメ栽培地帯区分

地帯区分	該当地域	適応品種	気象の特徴	晩霜と初霜	播種期	収穫期	品質，収量安定度
I 道東地帯	十勝 網走	大正金時 北海金時 丹頂金時 福白金時 福粒中長 姫手亡 雪手亡	気温は比較的低く，しばしば低温に見舞われる．8月下旬から9月上旬にかけて雨が多い．	晩霜は遅く変動が大きい．初霜は早い．	5月下旬から6月上旬	9月中〜下旬 十勝南部では10月上旬もある．	品質はよく収量は多いが成熟期前後の降雨により品質が劣化しやすい．
II 道央地帯	上川 空知 石狩 胆振 留萌	大正金時 北海金時 丹頂金時 福白金時 福粒中長 姫手亡 雪手亡	気温は高く，低温の来襲は比較的少ない．	晩霜は早く初霜は遅い．	5月下旬から6月上旬	9月上〜中旬	収穫の安定性は高いが小粒化しやすく，干ばつを受けやすい．

『明日の豆作り』(平成10年，日本豆類基金協会)

インゲンマメ（ベニバナインゲンを含む）の全国生産量 3.3 万 t の 94％ を北海道で生産している．インゲンマメの消費はここ数年停滞気味で，それを受け，作付面積も横ばい傾向を示しており，平成 8 年産インゲンマメの作付面積は，前年に比べて 3％ 減の 17,000ha となっている．種類別では，金時類が前年比 3％ 増の 9,810ha，手亡類が 13％ 減の 5,260ha，鶉類が 17％ 減の 440ha，その他（花豆類，大福類など）が 1％ 減の 1,450ha である．

主要な生産地を見ると，十勝地方の 12,800ha を筆頭に，網走 (2,020ha)，上川 (1,150ha)，胆振 (635ha) などが続き，矮性種と半つる性種（金時類と手亡類）は十勝を中心に，つる性種（大福類，虎豆など）は網走，胆振を中心に栽培されている．

4) 主な品種とその特性

① 手亡類：白色系小粒種（百粒重 25～40g）

「**大手亡**（菜豆十支第 455 号：1927～1984）」は，白色系小粒種で白あんの原料となる．花色は白色．昔の手亡品種は半つる性で，つる性品種の栽培で必要であった支柱 (手) を必要としないことから"手亡"と呼ばれたとされている．現在は叢性の品種が一般的である．アメリカではネービービーン，フレンチビーンと呼ばれる品種がこれに相当する．また現在，手亡類は大手亡銘柄で流通されるが，これは明治年間，北海道でインゲンマメの栽培が広がる中，手亡類の子実の大きさにより，「小手亡」「中手亡」「大手亡」と分けられていた中で最も粒大の大きい「大手亡」が残ったことから流通銘柄となったものである．百粒重がおよそ 30g 以上の品種がこれに当る．現在の栽培地域は十勝地方を中心に上川地方や網走地方である．

「**姫手亡**（菜豆十育 A 29 号：1976～）」は，早生，耐冷性，叢性，多収の品種を目標に，早生で叢性の「菜豆十育 A 19 号」を母に，中生で半つる性の「改良大手亡」を父として育成された品種である．草丈は 50cm 程度と低く，花色は白，成熟期の莢色は淡褐色で，十勝地方における開花期は 7 月中～下旬，成熟期は 9 月中～下旬で

ある.粒形は楕円形で厚みがあり,百粒重は 32g 程度で大手亡銘柄に入る.収量性は 300kg/10a で耐冷性に優れる.皮が薄いことから製あん歩合が良く,それまでの大手亡類品種に比べあっさりした食感のあんになる.作りやすく,機械収穫が容易であるのが特性で,主要栽培地は十勝,網走地方である.

「雪手亡（ゆきてぼう）（菜豆十育 A 52 号：1992～）」は,「十育 A 40 号」を母に,インゲン炭そ病抵抗性の中間母本（ちゅうかんぼほん）「82 HW・B_1F_2」を父として育成された品種である.草丈は 50～60cm 程度で草型は叢性である.十勝地方における開花期は 7 月中～下旬,成熟期は 9 月中～下旬で,ともに「姫手亡」に比べて 1 日程度遅い.粒形は楕円形で「姫手亡」に類似しており,粒色は「姫手亡」より白度が強い.百粒重は 32g 程度で「姫手亡」とほぼ同じである.「姫手亡」との相違点は,成熟前の莢色が「姫手亡」は紫色を呈するのに対し,本品種は黄色地に紫色の条斑紋を生ずる.収量は「姫手亡」より 5～10% 多収で,低温抵抗性がやや強で,インゲン炭そ病抵抗性が強.現在,全道一円に普及・拡大中である.

なお,中間母本とは育成された固定種で,農業形質面での優点が対象品種と比べて少なく,生産現場に普及されなかった系統であるが,その特性を交配親として利用しているものである.

② **金時類：赤色系中粒種**（百粒重 60～80g）

「**大正金時**（菜豆十支第 8390 号：1957～）」は,十勝・幕別町（まくべつ）の農家・中村豊詰氏が,1935 年,在来種の「金時」から選抜し,その後,十勝・大正村で量産され,1955 年,「大正金時」の銘柄が設定され,1957 に優良品種に決定したものである.矮性種で草丈 40cm 前後,9 月上旬に成熟期に達する最も早生の品種で,花色は淡紅色,種皮色は赤紫色であるが,濃淡の斑紋が見られる.子実は楕円形で大きく,百粒重は 72g 程度であり,子実収量は 240kg/10a.インゲン黄化病に対して弱い.なお,収穫期の降雨によって退色（色流れ）しやすいのが難点であるが,食味が良く,甘納豆（あまなっとう）,

煮豆用として人気抜群である．主な栽培地は十勝，網走地方である．

「**北海金時**（菜豆十育B32号：1979〜）」は，矮性，大粒，良質，多収を目標に，「昭和金時（1966〜1978）」を母に，矮性金時類中間母本の「a-32」を父として育成された品種である．草丈は約45cmと「大正金時」よりやや高いが，耐倒伏性には差がない．成熟期は「大正金時」より3〜5日遅い．種皮色はやや濃い赤紫色である．子実は長楕円形でやや角があり，百粒重は86g程度の大粒で，「大正金時」より2割程度大きい．主要栽培地は十勝，網走，上川，空知地方である．

「**福勝**(ふくしょう)（菜豆十育B62号：1994〜）」は，「大正金時」を母に，「**福白金時**(しろきんとき)」を父として育成された．「大正金時」の粒形をそのままに，20％程度粒大を大きくし，収量性を向上させた多収品種である．草型は「大正金時」に類似するが，草丈はやや高い．種皮色は赤紫，子実は楕円形で，粒大は大（百粒重80g前後）である．製あん歩留りなど加工適性は「大正金時」並だが，煮豆が柔らかく煮えやすい．現在，十勝，上川などに普及中の品種である．

③　白金時類：「白金時」などの銘柄．白色系中〜大粒種（百粒重50〜80g）

前述の金時同様，大粒で円形または楕円形の粒形で，白色粒のものを「白金時」という．煮豆の原料となり，一部はあんの材料に混ぜられる．百粒重は50〜80gで同じ白色粒の手亡類に比べ粒大が大きい．花色は白色．白金時類の品種は，現在栽培されている「福白金時」や古い品種の「大正白金時」など矮性の品種が多い．

「**福白金時**（菜豆十育E10号：1973〜）」は，「昭和金時」を母に，白色大粒のつる性の中間母本「5823-C-B-4」を父として育成された品種である．草丈45cm前後の矮性で，成熟期は「大正金時」より6日程度遅い．花色は白で，種皮色も白．子実はやや長楕円形で，百粒重83g程度と大粒種で，収量は250kg/10aである．種皮が薄く，種皮歩合も低く，食味は良好で，煮豆，甘納豆，上質白あ

んの原料に適する．「福白金時」の銘柄が1976年に設定される．主要な栽培地は十勝，上川地方である．

④ **鶉類：長鶉類および中長鶉類**

中長鶉類は，子実は淡褐色の地色に赤色または紫色の斑紋があり，粒形は楕円体で比較的粒大は大きく百粒重が60〜90gである．花色は赤紫色．名前の由来は，子実の斑紋がウズラの卵の殻を連想させることから「鶉豆（うずらまめ）」と呼ばれ，その中で長い粒形の品種を「長鶉類」，丸い粒形品種を「丸鶉類」と呼び，その中間の粒形の品種を「中長鶉類」と呼んだことによる．中長鶉類は煮豆の原料として使われるが，加工煮豆のほか家庭で作られる煮豆の材料として乾燥子実でも売られる．主に九州北部において消費される．矮性，半つる性の品種が栽培されていたが，現在は半つる性品種がほとんどである．栽培地は十勝地方，石狩地方，上川地方である．

「**福粒 中長**（ふくりゅう）（菜豆十育D7号：1972〜）」は，「大正金時」を母に，半つる性の「改良中長（1961〜1975）」を父として育成された品種である．半つる性品種で草丈は100〜110cm，成熟期が9月中旬で「大正金時」より10日程度遅い．収量は280kg/10a程度である．花は赤紫，種皮色は淡褐色地に赤紫色の斑紋があり，いわゆるウズラ模様をし，「中長鶉」の銘柄に入る．子実はやや長楕円形で，百粒重は73g程度とやや大である．煮豆にした時には皮がしっかりしており，食感は粘りが少なく，あっさりしている．主要栽培地は十勝，上川，石狩地方である．

⑤ **大福類：子実は扁平腎臓形で極大粒**

「**大福**（菜豆本第6599号：1905〜）」は，北海道で古くから栽培されていた品種で，北海道農事試本場が品種比較試験を行い，1905年に優良品種に決定した．9月下旬に成熟期に達するつる性の晩生種で，草丈は300cm程度に達する．支柱を立てて栽培する．葉は大きくやや濃緑で，花は白色である．種皮色は白色，子実は扁平で，腎臓形をしている．百粒重は80gと大粒であり，多収である．食

味が良く,甘納豆,煮豆,菓子などの原料として利用されている.主要栽培地は胆振,網走地方である.

「**改良早生大福**(わせおおふく)(菜豆中育F1号：1980～)」は,北海道立中央農試が「大福」在来種(北見市豊地産)から系統選抜法により選抜,育成した品種である.開花期は7月中～下旬,成熟期は9月上～中旬で,中生種(中生の晩)に属し,草丈は300cm程度のつる性種で,花色,種皮色,粒形など形態的特性は「大福」と大差ない.子実の百粒重は60～70g程度と,「大福」より15～20%程度軽いが,肉質はやや粉質で食味は良好である.主として甘納豆,煮豆に適する.主要栽培地は網走,胆振地方である.

「**洞爺大福**(とうやおおふく)(菜豆中育F12号：1992～)」は,早熟の中間母本「中交5407 F_2」を母に,「大福」を父として育成された品種である.草丈300cm程度のつる性種で,主茎長および成熟期は「改良早生大福」並.花色は白,種皮色も白,子実の形状は腎臓形で,粒大は中の大(百粒重75g前後)で,「改良早生大福」より大きい.収量は211kg/10a程度(平成3～5年の平均)である.加工適性,特に製品(甘納豆)歩留りはやや高く,色・大きさは優れるが風味にやや欠ける.現在,道央・南部を中心に,普及中の品種である.甘納豆,煮豆に適する.

⑥ **虎豆類**：子実は白地に臍部の周囲が黄褐色斑がある偏斑紋種

「**改良虎豆**(菜豆中育T11号：1977～)」は,北海道立中央農試が「虎豆」在来種(洞爺村産)から系統選抜法によって選抜,育成した品種である.つる性で,草丈は300cm弱.種皮色は偏斑紋種に属し,白地に臍部の周囲の黄褐色斑がある.子実は短楕円体で,粒大は大粒,百粒重は73g程度である.道央地域における開花期は7月中旬,成熟期は9月中～下旬で,「虎豆」同様の晩生種である.収量は145kg/10a(平成3～5年の平均)であり,外観品質,種皮の厚さ,種皮歩合も「虎豆」と大差ない.煮崩れが少なく,肉質が粉質で食味も良く,煮豆に適する.主要栽培地は胆振地方である.

ところで,「**虎豆**(菜豆本第11304号:1939～1987)」は,古くから道南,道央地方で栽培されていた品種である.原名を「Concord Pole」と称し,アメリカ・マサチューセッツ州コンコードの原産で,「Big Sioux Pole」または「October Pole」などと呼ばれていた品種で,北海道農事試本場が品種比較試験を行い,1939年に優良品種に決定した.なお,その名前の由来は種皮色の模様(斑紋)がトラの模様に似ているため,虎豆と名づけられたと言う.

　「**福虎豆**(菜豆中育T26号:1989～)」は,端野町で「虎豆」から選抜された早生の在来種である「虎豆(端野系)」を母に,「虎豆」を父として育成された品種である.つる性で,草丈が230cm程度と「改良虎豆」より低く,花色は微紅色を帯びた白色.また,密植によって多収が期待できる.開花期は7月中～下旬,成熟期は9月上～下旬で,「改良虎豆」に比べて10日程度早生である.子実の粒大は「改良虎豆」よりやや小さい70g程度で,加工適性,食味に優れ,煮豆に適する.主要栽培地は胆振,網走地方である.

(相馬　暁・佐藤　仁)

3. ベニバナインゲン

学名 *Phaseolus coccineus* L. (*Phaseolus multiflorus* Wild.)
和名 紅花隠元, 花豆, 花豇豆
英名 Scarlet runner bean, White Dutch runner

3.1 植物学的分類と起源

1) 植物学的分類と来歴

ベニバナインゲンは前述のインゲンマメと同属異種に分類されている．すなわち，マメ科インゲンマメ属に属し，その学名は *Phaseolus coccineus* L. である．この作物は夏期(開花期)の高温が子実の着生に悪影響を与えるため，日本での栽培は北海道のほか，東北地方や長野県と群馬県などの標高が高く冷涼な地域に限られる．

ベニバナインゲンは子実の色により，①白色の白花豆（しろはなまめ）と②有色の紫花豆（むらさきはなまめ）に分けられる．白花豆は花の色も白で，北海道での栽培の主体となっている．優良品種としては「早生白花豆」，「中生白花豆」，「大白花（おおしろばな）」がある．紫花豆の花色は赤で，子実は基本的に淡赤紫地に黒斑があり，本州での生産はほとんどこのタイプである．現在のところ，残念ながら在来種のみで，優良品種はまだない．

日本国内で見られるベニバナインゲンは，いずれもつる性であるが，世界的には矮性（わいせい）のものも見られる．このため Bailey によると，子実の色と伸育性から4変種に分ける考え方もある．すなわち，①白色矮性 (albonanus)，②白色つる性 (albus)，③有色矮性 (rubronanus) と，一般的な④有色つる性である．

ベニバナインゲンは中央アメリカの高地が原産地で，そこから南北アメリカその他に広がった．ヨーロッパには17世紀に導入され，イギリスを始めとした国々で，主に若莢（わかさや）が野菜用として利用されて

きた．

　日本には，江戸時代末期にオランダ人によりもたらされたが，当時はもっぱら鑑賞用として栽培されていた．その際，長野県の高地や東北地方などで結実したことから，これらの地域では食用として利用されたようである．しかし，食用としてのベニバナインゲンの本格的栽培は，明治時代に入って，蝦夷地(えぞち)と呼ばれていた北海道の本格的な開拓が始まってからである．

　横浜の植木会社がオーストラリア（もしくはオランダ）から輸入したベニバナインゲンの試験栽培を，1914年頃，北海道は留寿都(るすつ)村の及川八三郎氏に委託したのが始まりとされている．及川氏は赤花のベニバナインゲンの中に白花で白色粒の個体が混在しているのを見つけ，市場で白花種が高く取引されていたので，意図的に白花を選抜し，増殖した．この種子が地域に普及・拡大したのが，北海道の白花豆の始まりである．また，当時，導入された紫花豆が在来種として定着し，現在の紫花豆となった．

　ところで，北海道においては，つる性のベニバナインゲン（白花豆，紫花豆）はインゲンマメのつる性種（大福，虎豆）と同一に分類され，通称，高級菜豆(サイトウ)と呼ばれることが多い．植物学的な分類とは別に，高級菜豆の呼称は流通や生産現場では広く利用されている．高い支柱を立てた独特の栽培法も共通し，農家の目では同じ仲間に映るのだろう．なお，高級菜豆の名称に対して金時類，手亡類，鶉類を菜豆とも呼ぶ．

　しかし，植物学的な分類ではベニバナインゲンはインゲンマメとは同属異種であり，インゲンマメと若干特性を異にする．すなわち，発芽時の子葉位置，花梗(かこう)・花軸における花のつく状態，さらに花の葯(やく)と柱頭の位置が離れているため他家受精が多い点など，インゲンマメと異なる．

2) 名前の由来

　長い花軸に多くの大きな赤い花を着けることから，ハナマメ（花

豆), ハナササゲ (花豇豆) と呼ばれていた. 白い花をつける白花豆はシロバナインゲンあるいはシロバナササゲとも呼ばれる.

英名は scarlet runner bean もしくは flower bean と言い, その名のとおり, ハナマメにふさわしい名前と言える. 洋の東西を問わず, 物の見方には共通するものがあるものだ.

日本では, 花が赤色で, 子実の種皮色が淡赤紫地に黒斑のものを紫花豆もしくは赤花 (アカハナ) と呼び, 花が白色で種皮色も白いものを白花豆と呼んでいる.

別名を花魁豆 (オイランマメ) とも言うが, ハナマメの花の美しさ, 子実が大粒でおいしいところから, 吉原の花魁を想定して付けたとも言われている. なお, 紫花豆の赤色で美しい花を酢漬けにして, 酢の物などの付け合わせにしたとも言われている.

3.2 品種の特性と生産地

1) 品種事情

北海道で栽培されているベニバナインゲンは, 前述のように紫花豆と白花豆に分けられるが, インゲンマメの基準で言うと, ともにつる性の極晩生・極大粒種に相当する. 北海道における栽培の歴史は古いが, 1943 年までは優良品種がなく, 在来種が栽培されていた. 北海道農試本場が在来種の品種比較試験を行い, 1943 年に「早生白花豆」,「中生白花豆」を優良品種に決定し, 前者は北海道の中・南部の山麓地帯に, 後者は中南部の温暖地帯に奨励したが, 第 2 次世界大戦末期の混乱のため普及が進まず, 戦後の混乱の中で, 品種の判別も不可能になった.

1969 年以降, 改めて北海道立中央農試が在来種から系統集団選抜を行って, つる性で極大粒, 多収の「大白花」を 1976 年に育成したが, 後続の品種はない. 一方, 紫花豆は育成された品種がなく依然として在来種が栽培されており, 品種の分化は進んでいない. なお, ハナマメの特性としてミツバチなど虫が媒介して他家受粉を

するので，採種に際しては他のハナマメと隔離することが必要である．

2) 植物学的特性

ベニバナインゲンはつる性の一年生草本で，その特性としては，冷涼性で暑さに弱く，日本では北海道，東北，長野などの寒冷地に適し，暖地では盛夏に咲いた花は結実しにくいことが挙げられる．

播種期（はしゅ）は地温が10℃以上になる時期，北海道・道央地域では5月中〜下旬で，発芽に要する日数は，播種後約2週間である．

ベニバナインゲンの子葉は地下子葉であるため，発芽時には地上に出ず，幼根の伸長とともに幼芽が地上に現れて，発芽となる．この特性はエンドウ，アズキと同じで，ダイズ，インゲンマメとは異なる．なお，子葉は発芽のためのエネルギー供給源として重要な役割を担っている．

発芽時には初生葉が直接地上に出て，4〜5日で展開する．2〜3葉期から先端がつる性となり，支柱に左巻きに巻き付きながら成長する．植物体の成長は，主茎の伸長と主茎の葉腋（ようえき）（茎と葉の付け根）から生ずる分枝の増加による．

主茎の伸長は生育後期まで続き，主茎節数は30節程度，茎長は3〜4mに達する．分枝は1株に数本発生し，主茎から発生する1次分枝のほか，1次分枝から発生する2次分枝がある．

開花は，主茎節数が12〜13節，播種後約50〜55日の7月中旬に始まる．開花順序は主茎から始まり，分枝に移る．いずれも下位節から始まる．花は，葉腋から出た長さ15〜18cmの花軸に房状につき，下位から上位に向けて開花する．その数は主茎下位節で20花以上と極めて多いが，結莢（けっきょう）するのは1花軸当り2〜3莢と，極めて少ない．全体的に見ても，開花した花の数に対する結実した莢の数の比率は5％程度であり，ダイズやアズキ，インゲンマメなどと比べてもかなり低い．また，開花期間は1か月以上の長期にわたり，不良環境による作物体の全滅を防止しているが，この点が

一面では成熟期の遅さにつながっている.

花はインゲンマメより大きく,赤色(紫花豆)と白色(白花豆)のものがあり,結莢後,莢が成長・肥大し,莢長は10〜15cmにも達する.

成熟期は,熟莢が70〜80%に達した時期であり,この時期は年により変動するが,9月下旬以降であり,網走地方においては成熟期に達しないこともある.また,他のマメ類と異なり,北海道では成熟期の段階で落葉していることはなく,落葉・乾燥のために地際の茎を切る"根切り"という作業を行う.莢も子実もインゲンマメよりひと回り大きく,子実は長さ2cm程度,幅1.5cmほどの腎臓形で,紫花豆は淡赤紫色の地に黒色の斑紋があり,白花豆は全体が白色である.

白花豆と紫花豆の形態的特性には次のような関連性が見られる.

	白花豆	紫花豆
若茎〜茎	緑色	紫色
花 色	白色	赤色
子実色	白色	着色(淡赤紫地黒斑)

3) 主な品種とその特性

「**大白花**(菜豆中育M5号:1976〜)」は,北海道立中央農試が胆振(いぶり),後志(しりべし),網走管内から収集した在来種(壮瞥(そうべつ)町産)から,系統分離法で選抜育成した品種である.つる性で,草丈は3m程度まで伸長し,道央部においては開花期は7月中旬,成熟期は9月下旬〜10月上旬であり,初霜の早い地帯では成熟期に達しないこともある.しかし,在来種の中には恒常的に成熟期に達しにくいものもあり,ベニバナインゲンの中では早い部類である.

花は白,莢は大きく褐色で,子実は極めて大きく,百粒重は160gに近く,その上,在来種と比べて10%程度多収である.他の植物学的特性は「早生白花豆」や「中生白花豆」,在来種の白花豆とほとんど同じである.

外観的な品質は在来種とほぼ同程度で，種皮の厚さは 0.175mm で，インゲンマメに比較して厚く，種皮歩合は 8.8% とやや高い．しかし，煮た場合の煮崩れは少なく，肉質も粉質で食味は良好である．煮豆，甘納豆(あまなっとう)の原料に適する．胆振地方や網走の一部が主要な栽培地である．

一方，「**紫花豆**」は，古くから農家に栽培されていた輸入品種起源の在来種である．若茎は紫色を呈し，葉の色は濃緑，花色は赤色で，子実の色は淡赤紫地に黒斑があり，粒大は「大白花」よりやや小さい．食味は白花豆と同様に良好で，主に煮豆に用いられる．

なお，長野県周辺で作られている「紫花豆」は，花や子実の色など多くの点で北海道のものと同じであるが，成熟期や粒大の点で大きく異なり，明らかに別のものと言える．すなわち，北海道のものより成熟期がかなり遅く，粒大はかなり大きく百粒重で 200g 以上となる．ただし，採種体系が整備されておらず，地域による若干の粒大の変異も見られることから，地域ごとに在来種が存在しているようである．

（相馬　暁・南　　忠）

4. エンドウ

学名　*Pisum sativum* L.
和名　豌豆
英名　Pea

4.1 植物学的分類と起源

1) 植物学的分類と来歴

　エンドウの栽培種ピスム・サティヴム（*Pisum sativum* L.）は，ヨーロッパで主に飼料用に栽培されていたベニバナエンドウ（*Pisum arvense* 系：field pea）から発達したと考えられる．エンドウの原産地は，地中海地域とする説や南西アジアの肥沃な三日月地帯とする説などがある．地中海地域とする説では，イギリスの考古学者が，古代エジプト第18代王朝（紀元前14世紀）の王であるツタンカーメンの墳墓から副葬品とともに発掘したという．このエンドウの種子が発芽し，褐色の百粒重30g程度の大きな種子を着け，これに由来する種子が全世界に配布され，日本でも小学校の教材として試作されている．ただし，このエンドウに関する研究や分析は考古学者や植物学者も明らかにしていないので真偽のほどはわからない．

　一方，南西アジアの肥沃な三日月地帯とする説では，この地帯の考古学的調査によって，紀元前7000〜6000年頃の新石器時代，この地に農耕が始まった頃からオオムギやコムギなどとほぼ平行して栽培化された，とする南西アジア地域が原産地として有力である．栽培種の先祖種としては，南西アジアのみに自生し，畑の雑草として広がっている野生種のヒュミレ（*Pisum humile*）を想定している人もいる．

　栽培の記録は古代ギリシア時代からあり，当時は乾燥子実を利用

していた．その後，南ヨーロッパから次第に西へ，北へと伝播して行き，スウェーデンでは9〜11世紀の墓からエンドウが発掘され，11世紀のイギリスでは主要作物の一つに数えられている．

13世紀のフランスで若莢用の品種（サヤエンドウ，野菜）が分化し，15世紀にはgarden pea（*Pisum sativum* subsp. *hortense*）系の種子が出現しており，16世紀には未熟子実（莢の中の青い豆：グリーンピース）も利用するようになった．新大陸発見後はアメリカへも伝わり，18世紀以降になると，欧米，例えばイギリスでgarden pea系品種の改良が始まった．近年，豆がグリーンピース大になっても莢ごと食べられる「スナックエンドウ」がアメリカで育成され，日本でも栽培されている．

現在，品種は用途により多様に分化している．主な品種は，ヨーロッパや北アメリカでは，白花でしわのある種子のgarden pea系であり，アジアのものは赤紫花で丸い平滑な種子のfield pea（*Pisum sativum* subsp. *arvense*）系のものが多い．

2) 日本への伝播と和名の由来

エンドウの東方への伝播は，中国へは3世紀から6世紀の間に西域から入ってきたと言われている．6世紀前半に書かれた『斉民要術』と言う農業技術書に，エンドウの栽培法が記述されている．

日本へは中国から渡来した．すなわち，9〜10世紀の奈良時代に遣唐使が持ち帰ったと言われ，平安時代の『和名類聚抄（和名抄）』には「ノラマメ」の名前で記載されている．どうやら，奈良時代，遅くても平安時代初期には，既に日本にエンドウが定着していたようだ．これら中国あるいはわが国のエンドウは，field pea系が主体であった．

平安時代中期に豌豆と表記された記録もあるが，一般的には野豆，野良豆（ノラマメ）と呼んでいた．その後，室町時代には園豆と書いて「エントウ」と読ませたが，安土・桃山時代以降は，豌豆と表記され，その音読みでエンドウと呼んでいる．

明治以降，欧米各国から莢用，青豆用，完熟豆用と，さまざまな近代品種が導入され，全国各地で品種選抜がなされ，栽培面積が増加するとともに，第1次世界大戦時には，イギリスの炭鉱労働者の主食として輸出の花形となった．特に北海道で栽培面積が飛躍的に増加し，大正末期には品種改良（分離育種）が開始され，昭和に入って交雑育種がスタートしたが，第2次世界大戦で輸出が途絶え，栽培面積の減少とともに品種改良も一時途絶えた．戦後再び面積の増加をみて，北海道でも品種改良を開始したが，需要が落ち込み，数品種を育成したものの，昭和50年代で終えた．

ところで，子実のエンドウは豌豆と表記し，英名では pea だが，スーパーの店頭で，よく絹莢（きぬさや）と書かれたサヤエンドウ（sugar pea）に出合う．最近ではエンドウと言えば，こちらの方が通りがよく，そのため，絹莢をサヤエンドウの代名詞にする人もいる．また，「スナックエンドウ」と呼ばれるエンドウが出現し，食卓を賑わしている．

なお，エンドウの別名として，収穫時期から三月豆（サンガツマメ：茨城，千葉）と呼ばれたり，サヤブドウ（群馬，栃木），ブドウマメ（栃木），カキマメ（宮城），ブンコ（広島），ブンズ（埼玉，千葉）など，地方によって色々な呼び名がある．

4.2 品種の特性と生産地

1) 品種の分類

エンドウ品種の分類には多くの説があるが，欧米では，①エンドウの栽培種を field pea (*Pisum sativum* subsp. *arvense* Poir.) と garden pea (*Pisum sativum* subsp. *hortense* Asch. & Graeb.) に大別し，前者を子実色，茎長，莢の大きさから4変種に，後者を茎葉，花，莢，子実の形質や早晩生によって15の品種群に分ける分類や，②まず莢の硬軟で軟莢（なんきょう）種と硬莢（こうきょう）種に大別し，軟莢種は莢の形状で，硬莢種は花色，子実の形状と色，茎の長短によって分ける方法，

③莢の硬軟，子実の形状，茎長，子実色を基準にした分類，④茎長，子実の色，子実の形状，莢の形状の基準によって分類する方法などがある．

日本では，一般に利用面から子実用，むき実用，缶詰用，莢豆（野菜）用などに分け，著名な品種として第1次世界大戦時に輸出用として名を馳せた「札幌大莢」，「丸手無」が，その後「札幌青手無」「札幌青手無1号」「改良青手無」（子実用），「ウスイ」（むき実用）や「アラスカ」（缶詰用），「三十日絹莢」「鈴成砂糖」「仏国大莢」（莢豆用）などがある．

子実用にしぼって見ると，北海道で生産されるエンドウは商品取引時に，品種名を呼ばず，青エンドウ，赤エンドウ，白エンドウ（現在生産なし）の種類名（銘柄）で呼ばれている．各銘柄に属する品種は次のとおりである．①青エンドウ：「改良青手無」「札幌青手

表4.1 子実用エンドウ（硬莢種）の分類

子実色	粒大	草性	品種
緑色 （青エンドウ）	大粒	半つる性	札幌青手無，札幌青手無1号，マローファット1号，（改良青手無），（大緑）
		矮性	（丸手無），（豊緑）
	中粒	つる性	ボール ピー
		半つる性	（アラスカ）
	小粒	矮性	（小緑）
褐色 （赤エンドウ）	大粒	つる性	（東京赤花）
		矮性	（北海赤花）
	中粒	つる性	（日本赤）
黄白色 （白エンドウ）	大粒	つる性	（札幌黒目）
		半つる性	（アーリームーン）
	中粒	つる性	（フレンチキャンナー）
		矮性	（ジュノー）
	小粒	つる性	（プライド オブ キャナーズ）

注）（ ）内の品種は現在の北海道奨励品種，他は元奨励品種で現在作付はない．
『豆の品種』（日本豆類基金協会）

無1号」「大緑」「豊緑」など，②赤エンドウ：「石狩赤手」「北海赤花」「日本赤」など，③白エンドウ：「ロシア早生」「札幌黒目」．

ところで，北海道では子実を利用する硬莢種に対する分類を一般的に次のように行っている．①子実の色，②粒大で分け，次いで栽培上の特性である③草性で分類する（表4.1）．

2) 植物学的特性

エンドウはやや低温を好み，発芽の適温は18～20℃，生育・着莢の適温は15～20℃である．低温を好むと言っても限度があり，開花・着莢時には最低8℃以上の温度が必要である．一方，暑さには弱く，20℃を超えると，莢の中に詰まる豆数（胚珠数）が減少し，品質も低下する．そのため，夏の冷涼な北海道のような地帯では，春まき栽培が，関東以西では秋まき栽培が行われている．世界的には北緯30～45度の範囲が栽培の中心である．

北海道では，播種は4月下旬～5月上旬に行い，およそ2週間で発芽する．エンドウは発芽後，子葉を地中に残す地中子葉で，幼根の伸長とともに茎葉が伸び，地上に現れて発芽となる．晩霜に強いので，できるだけ早まきすると多収となる．

エンドウは草性から，①つる性：約150cm以上，②半つる性：約90～150cm，③矮性：90cm以下に分けられる．つる性では，作物体の成長は主茎の伸長と分枝の増加による．主茎の伸長は生育後期まで続き，品種や外的条件にもよるが，主茎節数は20～30節となり，茎長は200cm以上に及ぶものもあるが，矮性種では70cm程度となる．分枝は下位分枝と上位分枝があるが，北海道の品種では主に下位分枝が個体当り1～4本発生する．

開花は6月下旬に，主茎の下位節から始まり，分枝に移る．花は，葉腋から伸びた花軸に，1個から数個の蝶形の5弁花を着ける．花の色は白色，紅色，紫色などで，総開花数に対する結莢率はおよそ70～90％と，マメ類の中では大変高い．

開花後，莢の肥大が始まり，子実の肥大がそれに続く．熟莢が

30％程度に達した時を成熟期として収穫するが，この時が品質，収量が最も良い．子実色は，まず①単色種と②複色種に分けられ，単色種には，青エンドウと呼ばれる緑色種，白エンドウと呼ばれる黄白色種が含まれ，褐色や暗紫色を呈するものもある．これらの種皮は薄く，無色あるいは極淡緑色で，子実の色として現れるのは子葉の色の場合もあるが，主として表皮のみが着色し，子葉は淡黄色の場合が多い．一方，複色種は種皮の色が子実の色として現れる斑紋種と斑点種があり，赤エンドウは種皮の斑紋が全体に広がっているものであるが，子葉の色は淡褐色である．

　なお，エンドウは嫌地(いやち)と言って，連作を極端に嫌う．連作すると，生育が弱まり，病害にかかりやすくなり，生育・収量が激減する．そのため7〜8年は他の作物を作らなければならない．これはエンドウの根から分泌される特殊な物質（生育抑制物質）に起因すると言われているが，詳細な研究はなされていない．

3) 主な品種とその特性

　エンドウはマメ類の中では寒さに強いこともあって，北海道での栽培が多く，かつては空知(そらち)，後志(しりべし)，上川，網走，十勝を主産地に，4万〜7万 ha を超える作付面積を誇ったが，現在は統計に記載されない程度の小規模栽培になっている．そのため主要品種と呼べるものはないが，北海道の奨励品種として3品種あり，そのほか元奨励品種であったものなどを幾つか紹介する．なお，平成15年の子実用エンドウの作付面積は北海道のみで477 ha，そのほとんどが上川地方（447 ha）で作付されている．

① 緑色・大粒・半つる性種

　「**改良青手無**（札幌青手無第1号-40：1953〜）」は，北海道立十勝農試で「札幌青手無1号」から純系分離を行って選抜したものである．茎長が120cm前後の半つる性種で，子実は淡緑色で扁平な球形で，しわが大きい．開花始めは6月下旬，成熟期は8月上旬〜中旬と晩熟で，1莢内粒数は約2.5粒，百粒重34g前後の大粒の

晩生種で，収量は240kg/10a程度である．

「**大緑**（北育37号：1975〜）」は，北海道立農試十勝支場（現十勝農試）で「十育11号」を母に，「6202（F$_1$）」を父として交配したF$_2$以降を，北海道立北見農試に移し，育成したものである．「改良青手無」と比較して，花色，葉色，莢色などは類似しているが，やや大きい．主茎節数はやや少なく，茎長もやや短い半つる性種である．「改良青手無」より着莢数はやや少ないが，1莢内粒数は約3.5粒と40％程度多く，子実百粒重が15〜20％大きい大粒種で，収量は275kg/10aと15％程度多収である．

② 緑色・大粒・矮性種

「**豊緑**（北育43号：1985〜）」は，北海道立北見農試で「北育36号」を母に，「改良青手無」を父として交配し育成したものである．「改良青手無」より草丈が20cm程度低い矮性種である．成熟期は「改良青手無」より2〜3日遅い晩生種．花色は白色でやや大きい．葉色，若莢色などは濃緑色，主茎節数はやや少ない．「改良青手無」より子実の百粒重が35gとやや大きい大粒種で，収量は326kg/10aと35％程度多収である．

③ 褐色・中粒・矮性種

「**北海赤花**（北育B-2号：1978〜）」は，「十育16号」を母に，在来種の「赤えん豆（中札内）」を父として交配した後代を，北海道立北見農試で選抜，育成したものである．葉は淡緑色でやや小さく，茎も細い．節間が短く，下位節から分枝が多い．茎長は80cm程度の矮性種で，花は小さく，紫赤〜濃紫赤色で，子実はやや緑色を帯びた地色に赤褐色の斑紋があり，臍（へそ）は黒色である．百粒重は27g前後の中粒種である．

なお，現在，北海道で小規模に栽培されている青エンドウは塩豆やあんに，赤エンドウは蜜豆に主として使われている．

（相馬　暁・佐藤久泰）

5. ソラマメ

学名　　*Vicia fava* L.
和名　　空豆，蚕豆
英名　　Broad bean, Fava bean

5.1 植物学的分類と起源

　ソラマメはマメ科ソラマメ属の一年生または二年生草本であり，種子の発芽に際して，ダイズのように地表に子葉を出す地上子葉類に対して，子葉を地下に置いてくる地下子葉類に属する．粒大により大粒種 *Vicia faba* var. *faba* (broad bean)，中粒種 *Vicia faba* var. *equina* (horse bean)，小粒種 *Vicia faba* var. *minuta* (pigeon bean) に大別されるが，日本で栽培されているのは大粒種と中粒種である．

　ソラマメの和名は空豆で，莢が空を向くようにつくことから「空豆」と名づけられた，蚕豆と書くのは中国での名称をそのまま用いたものである．さらに，地方により，フユマメ，ユキワリマメ，五月豆（ゴガツマメ），四月豆（シガツマメ）などとも呼ばれている．これらの名前は，日本のソラマメが秋まきで，冬を越し春に開花結実し収穫する冬作型であることを示唆している．現在では露地栽培だけではなくハウス栽培などによる栽培方法の改良から，夏にまいて冬収穫することができ，年間を通じて栽培が可能となっている．

　マメ類はたんぱく質，炭水化物，脂肪を多く含むため，古代より世界各地で栽培されている．ソラマメはダイズ，ラッカセイ，エンドウ，菜豆（インゲンマメ），ヒヨコマメと共に世界6大食用豆に数えられ，成熟種子だけではなく完熟に至らない未熟種子（青実）も利用されている．日本には天平年間（729～749年）に中国からイン

ド僧により伝えられたといわれ,文献としては林羅山の『多識篇』(1630年)に初めて「蚕豆」が登場している.原産地はカスピ海南部で,栽培の起源は4000年前と言われている.

5.2 植物学的特性と生産地

1) 花の形態

マメ類の特徴である旗弁1片,翼弁2片,舟弁(竜骨弁)2片の計5片で蝶形花を形成し,鐘形のがく(calyx)をつける.花は淡紫色または白色で,長さ2〜4cm,旗弁には線紋,翼弁には斑がある.子房は扁平な多室で,各室に胚珠を有している.成長に伴い,胚珠が種子に,胚珠を支えている珠柄は種子柄になる.種子柄と種子の接点が臍であり黒色になるので,オハグロとも呼ばれている.他のマメ類と同様に,花蕾が成長し,開花前に葯が裂け自家受粉が行われる.

2) 種子の構造と特徴

マメ類の最大の形態的な特徴は,莢菜類(pulse crops)とも呼ばれるように果実は莢果(legume)を形成する.ソラマメは莢に包まれた子実(種子)が完熟したもの,未熟性のものに限らず,種皮に包まれた子葉部を主として食用とする.

種皮はクチクラ層,柵状組織,海綿状組織,時計皿(砂時計型)細胞および圧縮細胞(胚乳細胞)からなり,3層構造で子葉を物理的な衝撃か

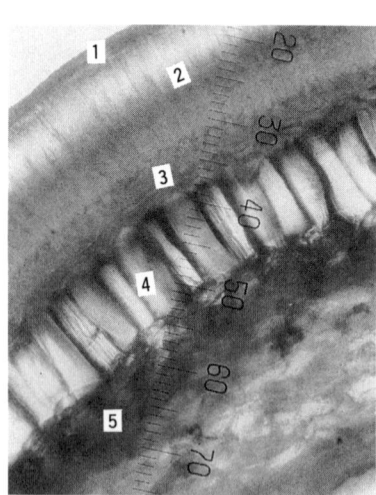

図5.1 ソラマメの種皮(顕微鏡写真)
　1:クチクラ層, 2:柵状組織,
　3:海綿状組織,
　4:時計皿細胞(砂時計型細胞),
　5:圧縮細胞(胚乳細胞)

5. ソラマメ

ら保護している.また,クチクラ層は乾燥から子葉を保護している(図5.1).種子はやや角張って扁平な腎臓形をなし,大粒種で長さ18〜28mm,幅12〜24mm,小粒種は長さ10〜18mm,幅6〜13mm,百粒重はそれぞれ110〜250g,28〜120gであり,品種により丸みを帯び,臍が大きい.種皮の色は淡緑または淡褐色であるが,時間と共に褐色が増し,濃褐色となる.一方,莢も成熟と共に変色し,濃褐色(種類により黒色)となる.莢に接続していた部分は臍となり,この種子の臍にはわずかな亀裂(約 $20\mu m$)があり(図5.2),この亀裂が種子の水浸漬における1次吸水経路となる.

3) ソラマメの種類と生産地

現在日本で栽培されているのは,中粒から大粒の生食用の青実用ソラマメで,大粒種の低温処理早だし栽培技術(低温処理による開花促進)も行っている.

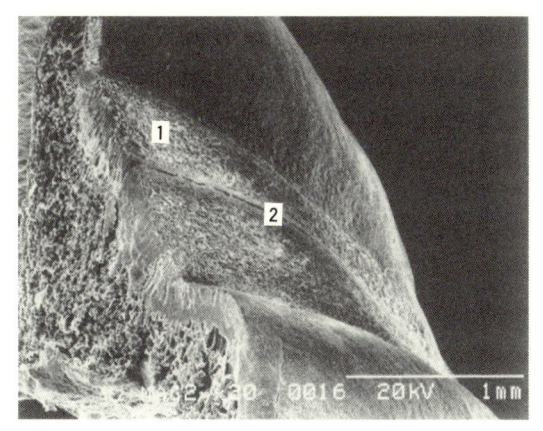

俗称「おたふく」とよばれる一寸ソラマメ(大粒種)には仁徳一寸,千倉一寸,河内一寸,陵西一寸などがあり,中粒種には讃岐長莢,房州早生などがある.

図5.2 ソラマメの種皮の断面(電子顕微鏡写真)
ソラマメ:ニンポウ(生)
1:臍,2:臍の亀裂

日本において作付面積が多いのは香川県で347ha（平成2年），収穫量も多い．

世界におけるソラマメの主要生産国は中国で，わが国の乾燥ソラマメの輸入量は1996年9,913t，1997年8,297tであった．

（白川武志）

アズキの料理

アズキを使った料理の調理方法については本文で述べられているのでここでは省略し，アズキ料理にまつわる習慣や行事などについて紹介することにします．

アズキの赤い色はめでたさをあらわすとされ，祝い事や行事の時の料理に使われています．

日本の各地に広く分布している「いとこ煮」は，正月行事の事納めあるいは農事の事始めにあたる2月8日の「ことの日」に食べるものといわれていますが，地方によっては冬至に食べたり（秋田県大館市），秋の収穫時に行われる報恩講に食べたり（飛騨高山）と，意味するところが微妙に異なっています．また，味付けや用いる具も様々です．

山口県の萩地方はいとこ煮の発祥の地といわれ，今も冠婚葬祭には必ず出される慶弔料理となっています．ちなみに，この地方では白玉団子や山海の珍味を加えるのが特徴で，慶事には紅白のかまぼこ，白玉団子にイカやアワビなども入れて楽しみますが，弔時には生臭いものの代わりにギンナンやシイタケを使います．

広島県には，これと同じようなもので「煮ごめ」という精進料理があり，親鸞上人の命日にあたる1月15日の前後3日間にわたって食べるものです．

アズキを使った煮物で，さらに麺を取り入れたのが山梨県に伝わる「ほうとう」です．アズキを軟らかく煮て甘味を付けてから，中力粉で作ったほうとう（小麦粉の生地を手のひらで親指大に延ばすか1cm位に切っためん帯）を入れて煮込み，塩を少し加えたもので，夏の草取りの時などに作ります．

（一部『伝えてゆきたい家庭の郷土料理』（婦人の友社）より引用）

6. ダイズ

学名 *Glycine max* (L.) Merrill
和名 大豆
英名 Soybean

6.1 植物学的分類と起源

1) 植物学的分類と来歴

ダイズの学名は，変遷をたどった末に，*Glycine max* (L.) Merrill に定着した．ダイズが属する *Glycine* 属の分類はいまだ諸説があるが，Hermann (1962) が *Glycine* 亜属，*Bracteata* 亜属，*Soja* 亜属の3亜属10種，2亜種6変種にまとめたことによって基本が作られた．このうち *Soja* 亜属にはダイズとツルマメ (*Glycine soja* Sieb. et Zucc.) が属するとする説が一般的である．

栽培種のダイズは，日本，朝鮮，中国およびシベリアのアムール川流域に広く自生する野生種ツルマメ（またはノマメ）から分化したものと考えられている．

ダイズとツルマメの植物体は似ているが，ツルマメの葉は小さく，茎は細くてつる性である．それに対しダイズの葉は大型で，茎は直立している．ただし，ダイズにもつる性種がある．なお，ツルマメは現在の日本でも林の中や道路わきなどに自生しており，北海道では特定の河川敷でそれを見ることができる．

ダイズとツルマメは容易に交雑するが，中国東北部ではこの野生種のツルマメと栽培種のダイズの中間型（半栽培型ダイズ：*Glycine gracilis* Skvorzow）が見つかっている．Fukuda (1933) は，その半栽培ダイズが中国東北部以外には認められないことから，中国東北部がダイズの起源の中心であることを主張した．しかし，1970年

代から1980年代にかけて,中国では全国的規模で野生種の調査が行われ,その分布密度が温帯に濃く,全体の約70%は北緯35度以北に分布していることが明らかになった.このことから郭（1988）は,栽培ダイズの起源は北緯35度以北の地域としているが,ダイズの起源については,いまだ意見の統一されるに至っていない.

ところで,中国では古代から五穀（米,麦,粟(アワ),豆,黍(キビ)または稗(ヒエ)）の一つとしてダイズは栽培されており,文献的には,古代・周の時代の『詩経』の中に,菽(シュウ)（ダイズ）が栽培され,煮て食べていたという記述がある.恐らく,4000年前から栽培されて,紀元前11世紀には,既に華北地方で広く栽培されていたようである.

そのようなことからも,ダイズの原産地は,中国の中でも華北から東北区と考えられていたが,最近では,中国のかなりの広範囲の地域で,同時進行的に野生ダイズの栽培化が進められて,現在の栽培ダイズが生まれたとの考え方が現れている.

なお,後漢（25～220年）の時代には「大豆」の名も生じ,農業書であり,農産加工書でもある『斉民要術(せいみんようじゅつ)』には,ダイズの加工法,発酵食品の作り方が登場し,現在の味噌(みそ)・醤油(しょうゆ)の原型が示されている.

2) 和名の由来

古代中国においては,大豆は大型の豆,小豆は小型の豆と言った意味で使われており,必ずしも現在のダイズ,アズキを指すものではなかったようだ.それが三国時代の魏(ぎ)の字書『広雅(こうが)』（230年頃）には,大豆を菽,小豆を荅(トウ)と区別している.この時代になると現在と同様な意味で使われている.

日本では,平安時代の『本草和名(ほんぞうわみょう)』（918年）には於保末女（オホマメ）とあり,『和名類聚抄(わみょうるいじゅしょう)』（平安中期の漢和辞書）には万米（マメ）と記載されている.どちらもダイズのことである.また,大豆と表記してマメとよんでおり,長く豆（マメ）はもっぱら大豆のことを指していた.

ところで，平安時代の『延喜式』(えんぎしき)(927年)には，大豆と醬(ひしお)が稲の代わりの租税として全国から貢納されたとある．『延喜式』に記録された納税国を見ると，全て現在の滋賀県以西に限られており，当時のダイズ栽培が主として西日本に偏っていたことが想像できる．国内で広く栽培されるようになったのは，鎌倉時代以降のようだ．

江戸時代でも，ダイズはマメと呼ばれ，その種類を万米（マメ），久呂万米（クロマメ），すなわち黄大豆（黄，黄白，緑）と黒大豆（淡紫色，黒褐色）に大別し，黄大豆は味噌を作るのに，黒大豆は薬に用いられていた．

和名でダイズは大豆と表記されるが，ソラマメなどダイズより大きい豆があるのに，ダイズにこの名がついたのは「大いなる豆」の意味からで，一番最初に生まれた姫君に「大姫」の名をつけるのと同じく，第一番目の豆，大切な豆として「大豆」と表記し，マメとよんでいたようだ．なお，英名のsoybeanのsoyは醬油のことで，言うならば醬油豆と言う意味である．

6.2 品種の特性と生産地

1) 品種の分類

ダイズの分類は，①形態的特性による分類，②生態的特性による分類，③利用による分類に大別できる．

形態的特性による分類としては，①子実の特性，②植物体の色や茎枝の形状，③茎の伸育型などがある．

子実の特性を主とする分類も数多くあるが，一般的には，①粒大（大粒種，中粒種，小粒種），②種皮色（黄白，黄，淡緑，緑，黒，淡褐，褐，斑色），③臍色(へそ)（黄，極淡褐，淡褐，褐，暗褐，緑，淡黒，黒）の組み合わせによるものが多い．また，植物体の特性を主とする分類は，①草型（短茎分枝開帳型，短茎分枝閉鎖型など8草型，現在はほとんど使用されていない），②葉型（円葉(まるは)，長葉(ながは)，中間葉），③花色（白，紫），④熟莢色（淡褐，褐，暗褐，黒）などがあるが，これらは主に特性審査

基準として使われている.

一方,生態的特性による分類は,①日長に対する反応,②開花結実の習性,③熟期,④病害虫抵抗性および⑤環境適応性（耐冷性,耐湿性,晩播(おそまき)適応性など）などがある.

日長に対する反応による分類は,①夏ダイズ型,②秋ダイズ型,③中間型に分けられている.春まきしても正常な生育をして,開花結実するのが夏ダイズ型,春まきすると茎が徒長・つる化し,正常な開花結実が行われにくく,夏まきして日長が短くなると正常な開花結実を行うのが秋ダイズ型,その中間タイプが中間型である.なお,北海道では夏ダイズである.

茎の伸育型については,①有限型,②無限型,③中間型に分けられる.有限型は,茎が伸長を停止する時期が早く,茎の頂部が基部の太さに近くなる.日本で栽培されている品種はほとんどが有限型であり,北アメリカでは南部に栽培される晩生品種がこれに該当する.無限型は,有限型に比べ開花を始める節位が低く,開花期間が2倍くらいあり30日以上に及び,開花後の茎の伸長が大きく,頂部の葉がきわだって小型である.日本では無限型の実用品種は北海道の「ツルコガネ」,東北の「デワムスメ」があるが現在は作付されていない.

開花結実の習性による分類は,開花までの日数を60日以下（Ⅰ）,約70日（Ⅱ）,約80日（Ⅲ）,約90日（Ⅳ）,100日以上（Ⅴ）に区分し,また結実日数を60日以下（a）,60〜80日（b）,80日以上（c）に区分し,これを組み合わせて12生態型にする方法である.北海道の品種はⅠa,Ⅰbに該当する.

熟期による分類は,早生(わせ),中生(なかて),晩生(おくて)をさらに早,中,晩に区分して9生態型に分ける.この分類は地域（国内を寒地,寒冷地,温暖地,暖地の4地域にしている）によって該当する品種が異なってくる.

用途・利用による分類は,①用途,②農産物規格規程などがある.まず用途による分類は,①栽培面では子実用,枝豆（エダマメ）用,

青刈・緑肥用，②利用目的によっては製油用，食品用，③食品用では豆腐・油揚げ，納豆，煮豆・総菜，味噌・醤油，煎り豆菓子，もやしなどに分類される．食品用の中では，豆腐・油揚げには高たんぱく質ダイズ，納豆には小粒ダイズ，煮豆・総菜には大粒ダイズ，黒大豆，大袖振，味噌・醤油には秋田（臍色が褐色，一般に褐目ダイズと呼ばれている）が好まれている．輸入ダイズの大部分は製油用に，国産ダイズのほとんどは食品用に使われている．

農産物規格規程による分類は，ダイズの検査規格として①普通大豆，②特定加工用に分けられ，後者は原形をとどめない用途に使用されるダイズに適用される．また，検査規格はダイズの粒大により4区分（大粒：ふるい目7.9mm以上70％，中粒：7.3mm以上，小粒：6.7mm以上，極小粒：4.9mm以上）に分けている．さらに，それぞれの粒大において産地品種銘柄があり，大粒ダイズは①大袖振，②つるの子，③とよまさり，④エンレイ，⑤タチナガハ，⑥タマホマレ，⑦フクユタカなど27銘柄，中粒ダイズは①秋田，②音更大袖振，③光黒，④スズユタカ，⑤アキシロメ，⑥むらゆたかなど29銘柄，小粒および極小粒ダイズは①スズヒメ，②スズマル，③コスズ，④納豆小粒の4銘柄に分けられる．これらの分類は雑穀取扱業者，加工業者，一般消費者に最も馴染みが深いようだ．

2) 植物学的特性

マメ科の一年生草本で，茎の伸育型によって有限型と無限型に分けられる．無限型とは，茎が条件さえ良ければ伸び続けるという意味である．有限型をモデルに，十勝地方の生育を標準に，植物学的特性を述べると，ダイズの播種は5月20日〜下旬にかけて行い，種子が吸水したのち，初め幼根が出て次に胚軸が伸長して子葉が地上部に現れる．これを一般には発芽というが，圃場での観察では出芽と呼んでいる．出芽に必要な日数はおよそ10〜15日である．地温10℃以下では，出芽が極めて不良となり，発芽障害を受けやすく，腐敗粒も多くなって，出芽率が低下する．

ダイズの生育適温は25〜30℃で,北海道における春の気温は低く,子葉展開後,初生葉の展開までには7〜10日を要する.その後,約1週間で第1本葉が展開し,温度の上昇につれ,出葉速度は速まる.

分枝は第1本葉節から出現し,逐次,上位節に分化が進む.障害を受けた場合や摘心処理などによって,下部の初生葉節あるいは子葉節から対生することがある.

花芽分化は開花前20日頃に行われ,日長と温度に強く影響される.開花は晴天時に最もよく行われ,午前7〜9時の間に集中する.開花は主茎中央部から始まり,上下に向かう.なお,無限型では主茎下部から始まり,上位節へ移る.

開花期間は,有限型品種で15(早生)〜40(晩生)日,無限型で40〜60日である.花は葉腋から出る短い花軸に多数つくが,結莢率は著しく低い(20〜40%).花色は白〜紫色で,莢は長さ3〜5cmで,2〜3個の種子が入っている.

成熟期は全株数の80〜90%の莢の大部分が変色し,子実の大部分が品種固有の色を現し,莢を振って音のする時期とされている.結実日数は最も短い品種でも約50日を要する.

子実の粒大は,百粒重によって,一般群が極大から極小まで9段階に,極大群はさらに小〜大の5段階に分けている.極小は9.9g以下,小は14.9g以下,小の大は18.9g以下,中の小は22.9g以下,中は26.9g以下,中の大は30.9g以下,大の小は34.9g以下,大は39.9g以下とし,極大群の40.0g以上はさらに,小:40.0〜49.9g,小の大:50.0〜59.9g,中:60.0〜69.9g,中の大:70.0〜79.9g,大:80g以上である.

種皮色は単色と複色に大別し,複色は地色(単色)に斑色が加わる.単色として,黄,黄白,淡緑,緑,淡褐,褐,黒の7色に分けられ,斑色としては褐と黒のみが現存する品種として該当する.

ダイズは臍部の色も重要で,その色を黒,淡黒,暗褐,褐,淡褐,

極淡褐,黄,緑に分類している.

3) 現在の生産地の状況と用途

ダイズの国内需要量は520万t(平成15年)で,国内生産量は約23万t,その16%が北海道で生産されている.他の畑作物に比べると全国シェアに占める割合は低いが,大産地であることには変わりない.全国的には,主産地は東北,九州,北海道で,府県は秋田,新潟,佐賀,栃木が多く,宮城,山形,福岡,富山などがこれに続

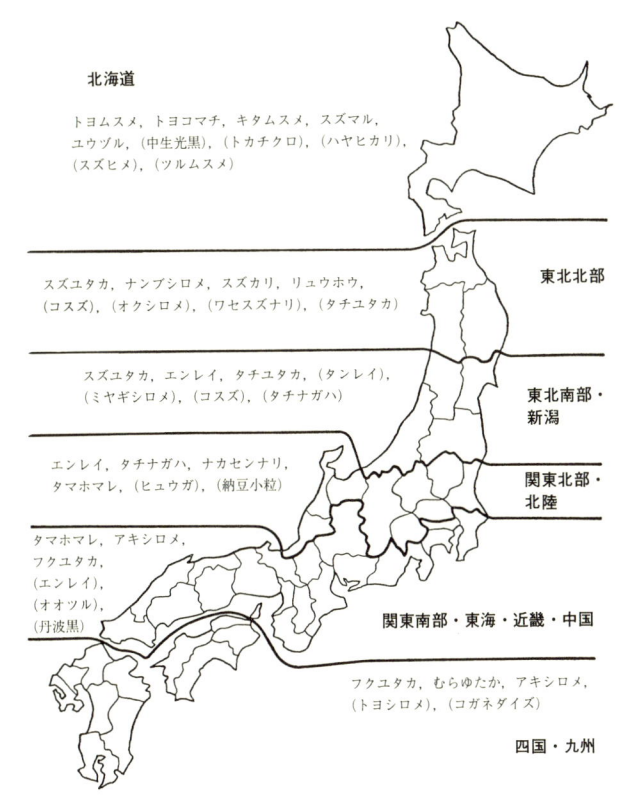

北海道
トヨムスメ,トヨコマチ,キタムスメ,スズマル,ユウヅル,(中生光黒),(トカチクロ),(ハヤヒカリ),(スズヒメ),(ツルムスメ)

東北北部
スズユタカ,ナンブシロメ,スズカリ,リュウホウ,(コスズ),(オクシロメ),(ワセスズナリ),(タチユタカ)

東北南部・新潟
スズユタカ,エンレイ,タチユタカ,(タンレイ),(ミヤギシロメ),(コスズ),(タチナガハ)

関東北部・北陸
エンレイ,タチナガハ,ナカセンナリ,タマホマレ,(ヒュウガ),(納豆小粒)

関東南部・東海・近畿・中国
タマホマレ,アキシロメ,フクユタカ,(エンレイ),(オオツル),(丹波黒)

四国・九州
フクユタカ,むらゆたか,アキシロメ,(トヨシロメ),(コガネダイズ)

図6.1 地域別品種統一指標(昭和60年改訂の一部を著者修正)
品種名だけのものは基幹品種,( )内品種は補完品種
(『農業技術体系』作物編6,農文協)

いている．

一方，北海道内では，空知（4,940ha）を筆頭に，上川（4,520ha），十勝（3,570 ha），石狩（1,630 ha），檜山（1,280 ha）が続き，全道で19,900 ha のダイズが作付されている（平成15年）．これは全国の栽培面積 151,900 ha の 13％に相当する．なお，檜山地方は，主として黒大豆の栽培がなされている．

これら国産ダイズの利用上の問題点として，従来は，品種，規格の不統一による，まとまったロットの確保の困難さなどが指摘され，生産性，商品性向上のため，広域に良質・多収品種への整理統合を図るべく，全国を気象条件から6地域に分けた対応が進んでいる（図6.1）．同様な試みは北海道においても行われ，積算温度（6〜9月）と無霜期間から6地帯に区分して，適応品種を設定している．

ところで，国産ダイズは，外国産ダイズに比べて油分が少なく，良質で，たんぱく質が多いことから，全国的には，豆腐・油揚げ（48％），味噌・醤油（18％），納豆（14％），凍り豆腐・豆乳（4％），その他（17％）など食品用に利用されている（平成14年）．それに対して，北海道産ダイズは豆腐・油揚げ（37％），小袋・煎り豆（16％），煮豆・缶詰（16％），味噌・醤油（14％），納豆（13％），菓子・きなこ（3％）など（平成13年産，北農研センター・森島調べ）と，多様な利用形態がある．

4) 主な品種とその特性

北海道の優良品種は，分類法の一つとして種皮色（主要な黄，緑，褐，黒），粒大（小粒，中粒，大粒，極大粒）および臍色（褐，白＝黄，黒）を組み合わせ14種類に分類している．その分類による代表的な品種特性を次に示す．

① 黄色小粒白目種

代表品種として納豆用品種「**スズヒメ**（大豆十育182号，だいず農林71号：1980〜）」は，ツルマメ同様の極小粒黒豆で線虫抵抗性の「P 18751」を母に，「コガネジロ」を父として育成された．熟期は

中生の早で，粒大は小（百粒重12.0g前後），種皮色は黄，臍の色も黄．中～大粒の品種に比べると収量は10～20％劣る．主要な栽培地は十勝中央部である．

同様な納豆用の小粒品種には，関東地方では晩生の早で極小粒の「納豆小粒」，中生から晩生で極小粒の「コスズ」，北海道では中生小粒の「スズマル」がある．

「**納豆小粒**（なっとうしょうりゅう）」は金砂郷村の在来種より選抜して，1976年に茨城県農試で育成された．熟期は関東地方では晩生，長茎で多分枝型の草型，極小粒に属し品質は良く，納豆加工適性大である．主な栽培地は茨城県である．

「**コスズ**（大豆東北85号，だいず農林87号：1987～）」は，「納豆小粒」に放射線照射した突然変異種で，東北農試で育成した品種である．種皮色は黄白，臍の色も黄色で，納豆用品種として，岩手，宮城，秋田，福島，茨城などで栽培されている．

一方，「**スズマル**（大豆中育19号，だいず農林89号：1988～）」は，「十育153号」を母に，「納豆小粒」を父として育成された品種である．成熟期は10月上旬の中生種で，種皮色および臍の色が黄，粒大は小（百粒重14.5g前後）で，「スズマル」銘柄の納豆用品種である．「スズヒメ」より多収で，耐倒伏性も優れている．主要な栽培地は道央中・南部，羊蹄山麓（ようていさんろく）である．

「**鈴の音**（大豆東北115号，農林101号：1995～）」は，「刈系224号」を母，「コスズ」を父として東北農試で育成された．熟期は早生，耐倒伏性が強く，コンバイン収穫適性が高い納豆用品種である．主な栽培地は岩手県である．

② 黄色中粒褐目種

臍色が褐色のダイズを褐目種（かつめ）と称し「秋田」銘柄としているが，国内の褐目種に属するのは北海道の「キタムスメ」「北見白」「ハヤヒカリ」「キタホマレ」と，九州・四国の「フクユタカ」の5品種のみである．うち，「キタホマレ」は大粒であるが，他の4品種は

中粒である．

中粒褐目の代表品種「**キタムスメ**（大豆十育122号, だいず農林49号：1968～）」は,「十育87号」を母に,「北見白」を父として育成された品種である．中生種で, 粒大は中（百粒重31.0g）, 種皮色は黄白で, 臍の色が暗褐の褐目種で, 耐冷性に優れる品種である．良質, 安定多収で, 加工品がおいしく, 納豆, 豆腐, ドライビーンなどに使用されている．主要な栽培地は上川, 十勝および後志（しりべし）地方である．

「**フクユタカ**（大豆九州86号, 農林73号：1981～）」は,「岡大豆」を母,「白大豆3号」を父として九州農試で育成された．良質, 多収, 高たんぱく質の品種である．現在, 九州, 東海地方で作付が多く, 平成9年には13,500haと全国一の作付面積である．

③ 黄色中粒白目種

「**トヨコマチ**（大豆十育205号, だいず農林90号：1988～）」は, 耐冷性強の「樺太（からふと）1号」を母に, 線虫抵抗性で良質多収の「トヨスズ」を父として育成された品種である．成熟期は中生の早で, 耐冷性がやや強く, 低温下での臍周辺の着色粒の発生が少ない品種である．主要栽培地は十勝, 網走（あばしり）, 上川地方である．

このグループに含まれる品種に, 青森, 岩手の「スズカリ」, 秋田の「ライデン」, 東北地方の「スズユタカ」, 近畿・中国地方の「タマホマレ」, 九州地方の「むらゆたか」などがある．

「スズカリ」は熟期が中～晩生で, 線虫抵抗性の多収品種,「ライデン」は放射線照射により育成された中生, 線虫抵抗性品種,「スズユタカ」は1982年に東北農試で育成された中～晩生, ウイルス病および線虫抵抗性の良質, 多収品種,「タマホマレ」は1981年に長野県中信農試で育成された耐倒伏性強, 多収品種,「むらゆたか」は「フクユタカ」の放射線照射により1991年に佐賀県農試で育成された良質, 多収品種である．

④ 黄色大粒褐目種

「**キタホマレ**（大豆十育171号, だいず農林70号：1980～）」は,「十

育 114 号」を母に, 「カリカチ」を父として育成された耐冷性, 多収の品種である. 熟期は中生の晩で, 粒大は大, 種皮色は黄白, 臍の色は暗褐である. 主な栽培地は道央中部・南部である.

⑤ 黄色大粒白目種

「**トヨムスメ**(大豆十育 191 号, だいず農林 81 号：1985〜)」は, 多収でダイズ黒根病抵抗性の「十系 463 号」を母に, 良質で線虫抵抗性の「トヨスズ」を父として育成された品種である. 成熟期は中生, 「トヨスズ」に極めて似た草型で, 種皮色および臍色が黄色の白目種で, 「とよまさり」銘柄に属する. 中〜大粒種 (粒大は大の小) で, 百粒重は 32〜35g, 収量は 327kg/10a 程度である. 主要栽培地は十勝, 石狩, 空知, 後志, 胆振地方である.

同様な品種として, 府県で広範囲に栽培されている「エンレイ」やその血を引く「オオツル」「アヤヒカリ」, 関東地方の「タチナガハ」などがある.

「**エンレイ**(大豆東山 57 号, だいず農林 57 号：1971〜)」は, 「農林 2 号」を母に, 「東山 6 号 (シロメユタカ)」を父に, 長野県中信農試で育成された品種である. 粒大は大で, 種皮色は黄, 臍の色は黄の白目種で, その晩播適応性が大であることから, 東北南部, 関東, 北陸, 東海, 近畿, 中国と広範囲に栽培されていた. たんぱく含有量が高く, 豆腐や煮豆にも向いていることから「フクユタカ」に次ぐ作付面積 (平成 9 年・10,000ha) がある.

「**オオツル**(大豆東山 144 号, だいず農林 91 号：1988〜)」は「東山 80 号」を母に, 「エンレイ」を父として交配し, 長野県中信農試で育成された品種である. 熟期は中生で, 種皮色は黄, 臍の色は黄, 粒大は大で, 煮豆加工適性に優れる品種である.

「**アヤヒカリ**(大豆東山 149 号, だいず農林 96 号：1991〜)」は, 「エンレイ」を母に, 「東山 53 号」を父として育成された品種である. 熟期は中生, 種皮および臍の色は黄, 粒大は「エンレイ」より大で, 多収である. 味噌など蒸煮加工する製品に適し, 豆腐加工にも向く.

「**タチナガハ**（大豆東山85号，だいず農林85号：1986〜）」は，「東山61号」を母，「東山6627」を父として長野県中信農試で育成された．熟期は中生の晩，耐倒伏性強，線虫抵抗性の多収品種である．

⑥ **黄色極大粒白目種**

「**ユウヅル**（大豆中育3号，だいず農林55号：1971〜）」は，「鶴の子」在来種より純系分離し，育成された品種である．晩生・極大粒の白目種で「つるの子」銘柄の代表品種である．品質は極めて良好で，煮豆・総菜用のほか，豆腐，油揚げなどに利用されている．主要な栽培地は檜山（ひやま）南部，空知南部地方である．

「**ツルムスメ**（大豆中育24号，だいず農林94号：1990〜）」は，わい化病抵抗性の「中系67号」を母，大粒良質の「中育12号」を父として育成された中生白目極大粒の品種で，良質で煮豆，総菜用に利用されている．「ユウヅル」と共に，「つるの子」銘柄の品種である．

⑦ **黒色大粒黒目種**

「**中生光黒**（ちゅうせいひかりぐろ）（十支第963号：1933〜）」は，品種比較試験により，在来種（本別村産）より選抜した品種である．熟期は晩生の早で，粒大は大，種皮も臍の色も黒の黒色大粒黒目種である．多収で，良食味で煮豆用に向く．主な産地は十勝，檜山地方である．

「**トカチクロ**（大豆十育184号，だいず農林80号：1984〜）」は，「十育122号」を母に，「中生光黒」を父として育成された品種である．早熟，多収の中生種で，種皮および臍の色は黒で，粒大は大．主な栽培地は十勝地方である．両品種は銘柄区分では「黒大豆（光黒）」銘柄に属する品種である．

「**いわいくろ**（大豆中育39号，だいず農林107号：1998〜）」は，極大粒，良質の「晩生光黒」（ばんせい）を母，わい化病抵抗性の大粒白目系「中育21号」を父として北海道中央農試で育成された．熟期は中生，わい化病抵抗性やや強で，極大粒の黒大豆である．煮豆加工適性は「晩生光黒」並に良好である．主な栽培地は道央，道南，十勝地方である．

「玉大黒(たまだいこく)(大豆東山黒175号，だいず農林106号：1997～)」は，極大粒，良質の「丹波黒(たんばぐろ)」を母，ウイルス病抵抗性の「東山140号」を父として長野県中信農試で育成された．熟期は中生の早，ウイルス病抵抗性の極大粒の黒大豆である．粒大，収量ともに「信濃早生黒(しなのわせぐろ)」(37 g，330 kg，平成8年)に優る．平成13年9月に「みすず黒」から「玉大黒」に変更して登録された．

「丹波黒」は丹波・篠山地方の在来種．ただし，純系分離を行って1981年に京都府農試で「新丹波黒」を育成した．熟期は11月上旬の晩生種．茎長は中位，分枝が多く，倒伏・つる化しやすい．子実は光沢がなく，ロウ質である．粒大は極めて大きく，百粒重が60g前後であるが，栽培方法によっては80gを越えることもある．主な栽培地は近畿，中国，四国地方である．

なお，最近の品種の特性については，農林水産省ホームページ「国産大豆品種の事典」を参照してください．

（相馬　暁・松川　勲）

ダイズの伝統的な食べ方1

ぶどう豆はダイズを砂糖と醤油で煮た総菜用の煮豆を総称しているようですが，黒大豆を煮ると色がブドウ色に変化するということからこの名称がついたという説と，ダイズを醤油で煮るため，醤油の色がついてブドウ色になるのでこう呼ぶという説があります．

郷土料理として「しもつかれ」あるいは「すみつかれ」という行事食があります．栃木県に伝わるもので「下野家例(しもつけ)」と書き，下野の国で初午の日(はつうま)につくるのが家例であったことからこう呼ばれています．正月の残りの新巻サケの頭に節分の豆を煎って加え，酒かす，醤油で味を付けた合理的かつ栄養豊富なものです．

黒大豆を用いた煮豆は黒豆と呼ばれ，正月のおせち料理には欠かせません．原料には丹波地方の丹波黒が有名ですが，その他中生光黒(ひかりぐろ)，碁石豆(ごいしまめ)なども用いられます．

7. ラッカセイ

学名　*Arachis hypogaea* L.
和名　落花生，南京豆，唐人豆，地豆
英名　Peanut, Groundnut, Earthnut, Ground pea, Earth almond

7.1 植物学的分類と起源

1) 植物学的分類と名称

　ラッカセイはマメ科ラッカセイ属の一年生草本で，マメ類の中ではダイズに次いで生産量が多く，重要なたんぱく食料であり，また油脂原料でもある．花が受精すると子房柄（しぼうへい）が地面に向かって伸び，先端が地中にもぐり込み，莢（さや）をつくって結実する．和名の落花生はこの果実が地中で実る性質にちなんでいる．地豆（ジマメ）も同じである．学名の *hypogaea* はギリシア語で「地下の」を意味し，英名の groundnut も同様であり，peanut はラッカセイの果実のことである．

　ラッカセイは南京豆（ナンキンマメ）とか唐人豆（トウジンマメ）とも呼ばれるが，これは中国から渡来したことによる．

2) 原産地

　ラッカセイの原産地は，野生種の分布状況などから，南アメリカのボリビア東部からアルゼンチン北部にかけてのアンデス山麓地帯と推定されている．

　栽培の歴史は古く，南アメリカでは3000年の歴史をもつ．南アメリカ各地やカリブ海諸島・メキシコへは原住民によって，世界へは新大陸発見以降，ヨーロッパ人によって伝播され，熱帯から温帯

までの広い地域で栽培されている．

7.2 品種の特性と生産地

1) 品種の分類

これまで，わが国ではラッカセイの品種について，栽培上から草型で立性(たちせい)，中間型，伏性(ふくせい)(匍匐性(ほふくせい))に，早晩性で早生種，晩生種に，また流通面から粒の大きさで大粒種，小粒種などに分類されてきた．

ラッカセイの品種分類や系統分類は，世界的に古くから多くの試みがなされており，現在もっとも一般的な分類は，W. C. Gregoryらによって提唱された，栄養枝と結果枝の配列様式を主とし，1莢粒数を加えて分類基準としたバージニア，スパニッシュ，バレンシアの3タイプに区分する方法である．

その後，Krapovickasは栽培ラッカセイの系統分類法を以下のように提案し，その妥当性が認められている．

A. hypogaea L.
 subsp. *hypogaea*
  var. *hypogaea*（バージニア）
  var. *hirusta*（ペルータイプ）
 subsp. *fastigiata*
  var. *fastigiata*（バレンシア）
  var. *vulgaris*（スパニッシュ）

しかし，最近亜種間交雑による品種が多く育成されているため，中間的品種の取扱いが今後の問題となる．

2) 植物学的特性

① 生育の様子

一年生の草本で，生育期間は120〜150日である．生育温度は最低15℃で，高温ほど生育は旺盛となる．

主茎の基部から分枝が発生する．分枝は数や長さが品種によって異なり，横への広がり具合により草型は立性，中間型，伏性に分類

される.

出芽後約35～40日で花が咲き始める.花色は黄で,自家受精する.花は約2か月咲き続けるが,完熟した莢になるのは早く咲いた花で,遅いものは未熟莢か無効花となる.

受精後,子房基部の組織が分裂・増殖し,子房柄の伸長が始まる.開花後7日頃に子房柄が下へ向かって伸び出し,地中に入ってその先端が肥大して莢が形成される.子房柄は,その表面から養水分を吸収するため,働きは根に似ている.特に,カルシウムの吸収は子実の肥大にとって重要とされる.莢は地下侵入後30日頃に最大となる.

子実の肥大は,莢の肥大の後に始まり,早生種では開花後70～75日後,晩生種では90～95日後が収穫時期となる.

掘りとったものを畑で7日ほど地干しした後,野積みして乾燥,あるいは脱莢後機械で乾燥させる.

② 莢・子実の形状と種皮色

ラッカセイ特有の莢の網目模様は維管束網（いかんそくもう）によるもので,成熟が進むにつれて莢の表面に現れてくる.莢の形状は大小,長短など様々で,くびれや網目にも浅いものや深いものがある.

莢内の種子は1～6粒と変異があるが,通常スパニッシュ・バージニアタイプは2粒,バレンシアタイプは3～4粒である.

子実の形状も,大小のほか球形に近いものから長いものと様々で,大きさも0.2g以下から2g以上までと幅が広い.種皮色も,通常の褐色のほか,白,黄,桃,赤,紫,赤白などのまだら模様や紫の斑点を生じるものなどもある.

3） 現在の主産地

日本にラッカセイが導入されたのは江戸時代（宝永3年,1706年）とされるが,実際に栽培が始まったのは明治以降である.明治4年に神奈川県で栽培され,7年には政府がアメリカから種子を導入して各地に配布し,栽培を奨励した.

7. ラッカセイ

現在，北海道を除く全国で栽培されているが，主な産地は関東と南九州地域で，畑作地帯の主要な輪作作物として栽培されている．栽培面積は昭和40年の66,500haをピークに減少傾向にあり，平成15年の全国の作付面積は9,530haで，作付率は千葉が72%，茨城が11%と産地が特化しつつある．

世界のラッカセイの主な生産地は，アジア，アフリカ地域とアメリカである．FAO（国連食糧農業機関）の報告では，2003年度の世界の作付面積は2,646万ha，生産量は3,408万t（莢付き）で近年の作付面積は微増傾向にある．作付面積はインドが世界の30%を占め，以下，中国(19%)，ナイジェリア(11%)，スーダン(7%)，セネガル(3%)，ザイール(3%)，インドネシア・アメリカ・ミャンマー(2%)の順である．生産量では中国が45%を占め，以下，インド(22%)，ナイジェリア(8%)，アメリカ(6%)，インドネシア・スーダン(4%)，セネガル(3%)，ミャンマー(2%)となっている．なお，日本の生産量（莢付き）は22,000tで，世界の0.1%弱である．

4) 主な品種とその特性

① 千葉半立

来歴：昭和21年に千葉県農業試験場で印旛郡八街町と千葉郡誉田村とで従来の品種とは全く草型の違った半立種を収集し，それらの純系分離によって育成され，昭和28年に千葉県の奨励品種となった．

普及（生産）状況：それまで栽培されていた伏性種に比べて，管理や収穫作業がしやすく多収であったため，千葉県内ばかりでなく全国に普及した．現在でも食味の良さから，関東地域を中心に，国内の主要品種として栽培されている．

② タチマサリ

来歴：八系20号（改良和田岡×白油7-3）×八系3号（白油豆×立落花生）．千葉県農試で昭和39年交配，49年育成．

普及（生産）状況：バージニアタイプとスパニッシュタイプの交

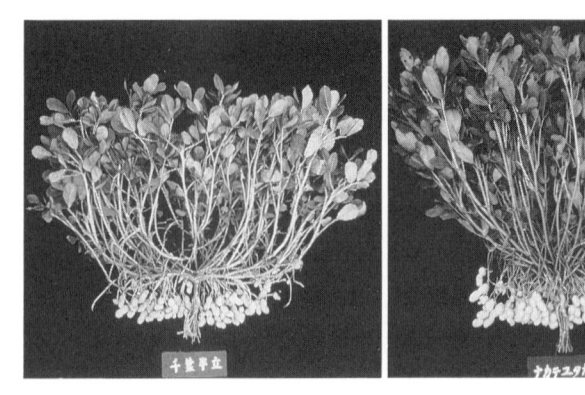

図 7.1 千葉半立とナカテユタカ

雑による極早生の大粒品種で,収穫期は千葉半立より 20〜30 日早い.九州地域では早期マルチ栽培による早期収穫や作付体系の多様化が,東北地域ではマルチ栽培により大粒種の安定多収栽培が可能となった.

③ **ナカテユタカ**

来歴:関東 8 号(千葉半立×千葉 55 号)×334-A.千葉県農試で昭和 41 年交配,54 年育成.

普及(生産)状況:中生の良質・多収品種で,草型は立性で作業性が優れ,野菜栽培跡などの肥沃な畑でも徒長して減収することなく(耐肥性),播種時期が遅れても生育や収量への影響が少ない(晩播適応性)ため,野菜作や麦作との組み合わせに適している.関東

表 7.1 ラッカセイの用途別消費内訳 (%)

	煎 り 莢	煎 り 豆	バタピー	揚げピー	豆 菓 子	製菓原料
国　　産	53	13	32	—	—	2
輸　　入	—	14	45	7	13	20
大粒種	—	55	45	—	—	—
小粒種	—	—	40	10	20	30
計	21	14	40	4	8	13

注) 農水省畑作振興課推計.

から九州までの各地で栽培され，千葉半立と生産をほぼ二分している．

5) 主な食品への用途と加工適性

国内産の大粒種の主な用途は，食味（風味）の良いことから煎り莢（きゃ），煎り豆，バターピーナッツ（バタピー），ピーナッツバター，菓子類や製菓原料である．また，最近はゆで豆用としての利用も増えつつある．

輸入される大粒種の用途は，国産のものとほぼ同様であるが，小粒種は製菓材料としての利用が多い．

なお，世界的に見ると，ラッカセイは脂肪含量が高く，特に脂肪分の多い小粒種は搾油用としての利用が多い．

（鈴木一男）

ダイズの伝統的な食べ方 2

煮豆は時間をかけて軟らかく煮ますが，浸し豆（ひた）は加熱が短時間でも軟らかくなる乾燥青大豆，鞍掛（くらかけ）大豆などを用いたものです．

硬いダイズの組織を壊すことによって食べやすくすることもあります．ダイズを生のまま，あるいはゆでた後，1粒1粒つぶして薄くしたものを打ち豆とかつぶし豆といい，コメ・ムギなどと炊きあわせるものが新潟県などの北陸地方に見られますが，福島県や山形県でも打ち豆ご飯を供するところがあります．

打ち豆とよく似た加工品に「豆しとぎ」があります．東北の農作業の神事に用いられました．ダイズは水に浸漬するか煮てコメの粉とともに搗（つ）き，円筒状に固め，輪切りにして生あるいは焼いて食べます．

きなこは独特の香ばしさがあり，消化率も向上するので古くから飯やもちにまぶして食べる習慣がありました．煎り方によって粉の色の濃淡が異なりますが，関東では淡く，関西では濃いものが好まれるようです．青大豆（緑色ダイズ）を使ったうぐいす色のものもあります．

8. 輸入豆類

わが国ではダイズやラッカセイをはじめ,ほとんどのマメ類を輸入しているが,ここでは前章までに取り上げなかったマメ類について述べる.

8.1 タケアズキ

学名 *Vigna umbellata*
和名 竹小豆,蔓小豆
英名 Rice bean

タケアズキはマメ科ササゲ属の一年生または多年生草本で,ツルアズキとも呼ばれるように,つる性である.代表的な栽培種である*Vigna umbellata* var. *glabla*は一年生で,登はん性で分枝が多い.原産地はインド東部から熱帯アジアとされ,これらの地域で栽培されている.なお,業界では「タケショウズ」と呼んでいる.

つる状の茎から2m近くの分枝を生じ,全体に柔毛が密生し,豆果(とうか)は下垂する.夏に開花し花は輝黄色,種子は長円形で長さ約0.8cm,臍(へそ)が大きく仮種皮がよく発達する.種皮は滑らかで暗赤色,緑色,褐色,黒色などを呈する.百粒重は8〜12gである.

乾燥子実はアジアおよび太平洋諸島の国々で広く食用にされ,スープの中にコメと煮込んだりコメの代用食とされる.英名のrice beanは,コメの代わりに煮て食べるところから来ている.かつては日本でもバカアズキなどと呼んで食用にしたが,現在では「あん」としての利用が最も多く,タイの赤竹小豆などが使われている.

産地では若莢(わかさや)や葉も食用とされ,乾燥子実は「もやし」としても用いられる.日本でも「もやし」に用いられたことがあるが,外観が悪いため現在では用いられていない.

8.2 サ サ ゲ

学名　*Vigna unguiculata* L., *Vigna sinensis* Endl.
和名　豇豆, 大角豆
英名　Cowpea

ササゲはマメ科ササゲ属の草本で, 大部分は一年生であるが多年生のものもある. 栽培種には次の3種がある. (1) *Vigna unguiculata* (*V. sinensis*: ササゲ, common cowpea) は矮性の品種でササゲ属を代表するものである. (2) *Vigna unguiculata* var. *catjang* (ハタササゲ, ヤッコササゲ, catjan) は矮性種が多く, もっぱら種実用である. (3) *Vigna unguiculata* var. *sesquipedalis* (ジュウロクササゲ, asparagus pea) は, つる性で莢が長く垂れ下がり, 豆莢を食用とする品種である.

熱帯アフリカが原産地で, 古くから栽培されていたものと思われヨーロッパには紀元前4世紀に広まった. 日本には中国を経て9世紀 (平安朝前期) には伝わったとみられる. ササゲは豆がやや角張っていることから大角豆 (ダイカクマメ) とも呼ばれ, ササゲという名は, ハタササゲの莢の先が上に反り返り, 物を「捧げる」手の形に見えることから付けられたといわれる.

温帯地域では, 初夏に種子をまき, 秋に熟豆をとる. 葉は3小葉からなる複葉で, 花は淡紫色であるが, 旗弁は汚れた黄色をしている. 種子は球形または腎臓形で, 豆の色は赤, 黒, 褐色, 白などのほか, 斑紋のつく品種もあり, 多くは臍のまわりに黒い輪状の紋様がある. 百粒重は5〜30gである.

熟豆は, 主産地のアフリカではひき割豆にして煮込んで食べる. スーダンやエジプトではコーヒーの代用品にもされる. また若い葉や莢は野菜として利用されている. 日本では, 煮豆, 甘納豆, あん, 赤飯などに用いられる.

8.3 リョクトウ

学名 *Vigna radiata* L.
和名 緑豆，八重生，文豆
英名 Mung bean, Green gram

リョクトウはマメ科ササゲ属の一年生草本で，直立または半直立性である．以前はインゲンマメ属（*Phaseolus radiatus*）に分類されていたが，最近ではササゲ属とするのが主流である．類似したものにケツルアズキ（ブラックマッペ，*Vigna mungo*）があり，リョクトウとしばしば混同される．インド，インドネシアなどには多くの変種や品種があり，種皮の緑のものを green gram，黄色のものを golden gram といい，前者が主に食用に用いられ，後者は飼料用とされる．ケツルアズキの英名は black gram である．

リョクトウの原産地はインドで，古代に中国に伝わり，日本では 17 世紀頃から栽培の記録があり，縄文遺跡からも豆が出土している．リョクトウはヤエナリ（八重生）とも呼ばれるが，これは 1 本に多くの豆がつくためという説と，1 年に数回（8 回）収穫されるためという説がある．また，粒の大きさが揃っているので物の重さを量るのに用いられたことから「ブンドウ（文豆）」とも呼ばれた．最近では，わが国で栽培されるものは少なく，もっぱら輸入である．

リョクトウの茎は褐色の毛でおおわれ，豆果にも黒褐色の剛毛が生える．ケツルアズキの植物体の毛は淡黄色である．リョクトウの花は緑黄色，種子は球形または長楕円形で，色は通常は緑色であるが，黄緑，黄色，褐色，紫褐色を呈するものもある．百粒重は 1.5 〜 4g である．

リョクトウはアフリカからインド，東南アジアで栽培される．これらの国々では，豆を丸のまま，あるいはひき割豆にしたり粉にして食用にする．中国では「はるさめ」の原料とする．日本での主な

用途は「もやし」で，リョクトウが 80〜85％，ケツルアズキが 15〜20％ となっている．

8.4 ライマメ

学名 *Phaseolus lunatus* L., *Phaseolus limensis* Macf.
和名 ライマメ，ライママメ，葵豆
英名 Lima bean, Sieva bean, Sugar bean

ライマメはマメ科インゲンマメ属の一年生または多年生草本で，*Phaseolus lunatus* と *P. limensis* の 2 系統がある．前者は一般に sieva bean と呼ばれ一年生で，種子が小さく様々な色があり，後者は lima bean と呼ばれ多年生で，種子が大きく白色である．マメ類のなかで最も美味といわれ sugar bean の名がある．また，ホワイトビーン（white bean），バタービーン（butter bean），ペギアマメ（pegya），サルタニマメ（sultani），サルタピアマメ（saltapia）などと呼ばれているものもライマメの品種である．

原産地は中央・南アメリカの熱帯地域で，古くから栽培されていた．現在では世界中の熱帯・亜熱帯地域やアメリカなど広く栽培されている．アオイマメ（葵豆）の和名があり，「四訂日本食品標準成分表」では「ライマまめ」として掲載されている．

つる性が多いが叢性のものもある．花の色は一般に白であるが，淡緑色，すみれ色，紅紫色などもある．豆果は偏平な鎌形あるいは三日月形で，種子は平たいものから丸みのあるものまであり，色は白色，淡黄色，褐色，赤色，紫色，黒色がある．百粒重は小粒と大粒の間に 45〜200g の幅がある．

ライマメのいくつかの品種は青莢が野菜として食される．熟豆を缶詰や冷凍にする品種もある．乾燥子実には有毒なシアン化合物が微量含まれているので含有量の安全基準があり，日本では「生あん」原料に用途が限定されている（V編参照）．

8.5 ヒヨコマメ

学名　*Cicer arietinum* L.
和名　雛豆
英名　Chickpea, Garbanzo, Common gram

　ヒヨコマメはマメ科ヒヨコマメ属の一年生草本で，単に gram と言えばこの豆を指す．地中海および中東を代表する大粒種としては Kabuli，インド地方に分布する小粒種の代表としては Desi を挙げることができるが，この両種間の雑種には中粒で多収量が期待できるいくつかの系統がある．

　西アジアが原産地で，きわめて古い時代にインドやヨーロッパに広まったと考えられる．インドから北アフリカにかけて多く栽培されるほか，メキシコやアルゼンチンなど中南米でも栽培され，近年アメリカでも栽培されている．ヒヨコマメ（雛豆）の和名は，種子の臍の近くにくちばし状の突起があり，ヒヨコの顔に似ていることから名付けられた．

　直立または開張し，高さ 0.2〜1m になる．植物体全体に白色の腺毛があり，そこからシュウ酸とリンゴ酸を分泌するので，なめると酸味がある．花は白，ピンク，紫，青色があり，種子は円形や角張った丸形で，淡黄色，黄色，褐色，黒，緑色などがある．百粒重は 12〜38g である．

　乾燥子実の種皮を除き二つ割りにしたダール（dahl）はスープにして食べられる．また粉にひいて小麦粉と混ぜ，パン状に焼いて主食とする．その他，煮豆や煎り豆，コーヒーの代用品，もやしとしても利用されている．日本で輸入しているものは煮豆や「あん」としての利用が多いが，メキシコ産のガルバンゾなどの大粒品種はフライにしてビールのつまみなどにされる．豆から得られるでんぷんは，繊維の糊付け加工用や合板の接着剤にも利用される．

8.6 ヒラマメ

学名　*Lens esculenta* Moench, *Lens culinaris* Medik.
和名　扁豆，レンズマメ
英名　Lentil

ヒラマメはマメ科ヒラマメ属の小型の一年生草本で，直立または半直立性である．栽培品種は花の色，種子の色，形および斑により通常次の2群に分かれる．(1) *Lens esculenta* var. *macrosperma*：大粒種で種子の形は偏平，花も大きく白色または青色である．地中海，アフリカ，小アジアに分布する．(2) *Lens esculenta* var. *microsperma*：小粒種で種子は凸状，花は小さく青紫，白あるいはピンクである．主に南西〜西アジアに分布する．

地中海沿岸地方および西アジア地域を原産地とし，野生種の *Lens orientalis* がもとになったか，近縁の数種が関係して栽培種が成立したと考えられている．古くから西アジア，エジプト，南ヨーロッパで栽培され，インドでは冬作物として作られている．カトリック教徒が大斎節（四旬節，lent）の期間に肉の代用品として食べることから "lentil meal"（大斎節の肉）と呼ばれる．

高さ25〜75cm，枝に柔毛があって分枝が多い．葉は8〜14枚の小葉からなり，葉軸の先端は巻きひげ状になる．レンズマメとも呼ばれるように，種子は丸くて偏平なレンズ形で，百粒重は2〜8gである．

ヒラマメはたんぱく質や炭水化物を多く含み，乾燥食用豆の中で最も栄養価が高く，消化も良いので病人食や乳児食に適している．乾燥種子はダールや粉にしてスープに用いられる．また穀物の粉と混ぜてケーキを作ったり，煎ってから粉にしてコーヒーの混合用とする．インドでは若い莢や葉を野菜として食べている．

8.7 キ マ メ

学名 *Cajanus cajan* (L.) Millsp.
和名 木豆，琉球豆
英名 Pigeon pea, Cajan

　キマメはマメ科キマメ属の多年生植物であるが，時に一年生として栽培される．本種には2変種があり，*Cajanus cajan* var. *flavus* は早生，小型で1莢内の種子は3個，種皮は黄色，*Cajanus cajan* var. *bicolor* は早生，大型で1莢内種子は4～5個，種皮は暗紅色または斑紋をもっている．

　原産地はアフリカまたはインドとされているが，最も近縁の *Cajanus cajanifolius* の分布から，インドとする説が有力になっている．生産量が最も多いのはインドで，そのほか世界の熱帯，亜熱帯で広く栽培されている．キマメはハトが好むので pigeon pea（ハトマメ）の名がある．また，日本では「リュウキュウマメ（琉球豆）」とも呼ばれる．

　和名で「木豆」と呼ばれるように，高さ約4mに達する低木で，茎枝は自由に分枝する．葉は披針形ないし長楕円形の3小葉からなる．花の色は主として黄色で，花弁に赤色の縞があるか，一部が赤色を帯びる．種子は卵形かレンズ形で，1g当りの種子数は約10個である．

　キマメは熱帯の開発途上国ではたんぱく資源として重要で，日本のダイズに匹敵する．インドでは乾燥子実をダールにしてスープやカレーに利用したり，丸のままカレーに入れて食べる．若莢は野菜として食べたり缶詰にする．植物体は飼料や緑肥になり，また天然樹脂のラックを分泌するラックカイガラムシの宿主としても利用されている．

8.8 フジマメ

学名 *Lablab purpureus* L., *Dolichos lablab* L.
和名 藤豆, 千石豆, 鵲豆
英名 Hyacinth bean, Lablab bean, Bonavist bean

フジマメはマメ科フジマメ属の多年生のつる性草本である. 関西地方では本種をインゲンマメと呼ぶことがあるが, フジマメは本当のインゲンマメ (*Phaseolus vulgaris*) とは別種である. 以前はコウシュンフジマメ属 (*Dolichos*) に入れられていたが, 最近は花柱の形態の違いに注目して別属に分けられている. 本種には2変種があり, *Lablab purpureus* var. *lablab* はインドで多く栽培され, 通常一年生として扱われ, 莢がやや長い. *Lablab purpureus* var. *lignosus* は Australian pea あるいは field bean と呼ばれ, 多年生半立性で, 莢は短い.

原産地はインドとされていたが野生種は発見されておらず, 多くの栽培品種があり野生型も見つかっている熱帯アフリカが原産地である可能性が高い. 世界の熱帯, 亜熱帯で広く栽培され, 日本では関西地方で主に作られている. 江戸時代前期の1654年に隠元禅師が中国から伝えたとされるインゲンマメは, フジマメであったともいわれている. 和名の「藤豆」は花がフジに似ていることから付けられた. 千石豆 (センゴクマメ), 鵲豆 (アジマメ) の名もある.

花は紫色, ピンク, 白色, 種子は平たく, 端の丸い長楕円形で, 黒色ないしほぼ黒色に近いが, 白花の変種では種子も白色である.

乾燥子実はひき割豆にして煮たり, 発芽させた種子を水に浸して種皮を除き, 煮てからペースト状にしたものをスパイスとともに油で揚げて食べる. 若莢は野菜として食べられ, 日本ではこの若莢だけが用いられる. 一般にはインゲンマメと同様サイトウ (菜豆) と呼ばれ, 関西の「サヤインゲン」は本種である.

野菜としてのマメ類

　マメ類の大部分は貯蔵のできる水分の少ない完熟豆として利用されますが，なかには成熟途中で緑色の莢つきのまま食用にすることもあります．この種の豆は完熟用の豆とは品種が違うことが多いが，野菜の一種と考えてよく，八百屋やスーパーの店頭で売られています．

　インゲンマメではサヤインゲン，特にドジョウインゲン，エンドウではサヤエンドウが季節の野菜として親しまれています．サヤエンドウのうち最も軟らかいものが絹莢(きぬさや)と呼ばれています．サヤエンドウにはカロテンやビタミンCが多く含まれ，サヤインゲンもビタミンCは少ないがカロテンは多く，どちらもれっきとした緑黄色野菜といえます．

　完熟用のエンドウを完熟前に収穫して莢から緑色の豆を取り出したものがグリーンピースで，スープや缶詰にします．ソラマメも完熟前に緑色の豆を莢から取り出して食用にしますが，皮は硬いので食べることはしません．

　エダマメは完熟前のダイズを収穫したもので，莢ごと塩ゆでにしてビールのつまみとして親しまれているほか，軽くゆでてから豆を取り出し，すりつぶして砂糖と食塩を少量加えたものは昔から東北地方，特に宮城県を中心に「ずんだ（じんだ）」の名で作られており，ずんだもちやナスのずんだ和えなどがよく知られています．

　フジマメは，わが国ではあまり普及していませんが，関東地方から南，特に関西地方で多く栽培され，未熟なものが野菜として食べられています．フジマメをインゲンマメと呼ぶこともあります．海外ではヒヤシンスマメと呼ばれています．

　ナタマメ（鉈豆，刀豆）も少量ながら栽培され，若い莢の状態のものがもっぱら福神漬けに用いられています．未熟な豆の莢が「鉈(なた)」のような形をしているのでこの名があります．福神漬けには莢を薄く切って使います．

III 豆の利用

III-1　主にでんぷんを利用する豆

1. 食への用途

1.1　あ　　ん

あんとは，でんぷん含有量の多いマメ類を水中で煮熟(しゃじゅく)して，そのでんぷん粒を細胞内に保持したまま，糊化(こか)定着させた細胞でんぷん粒の集合体をいう．通常は，マメ類を水浸，煮熟，擂潰(らいかい)（すりつぶし），篩別(しべつ)（ふるい分け），水さらしして細胞でんぷん粒を捕集，脱水したものを生あんといい，そのままではほとんど味がないか，極めて淡白な味をもつ程度で，しかも変敗しやすい特徴をもつものである．

あんは，古くからあるわが国独特の食品で，和菓子の基本的材料になっているほか，菓子パンや洋菓子類のフィリング用，あんみつ，総菜用などにも広く利用されている．

1)　製あんと豆の成分

雑豆類（ダイズとラッカセイ以外の豆）の子葉部は，でんぷん粒子を包み込んだ小さな細胞の集合体で成り立っているが，製あんとは，これらの細胞を健全な個々の粒子として捕集することである．雑豆類もそのまま吸水，膨潤，すりつぶすと，細胞が破壊され，"あん粒子"としてではなく，豆でんぷんの粒子が得られることになる．

①　製あんの原理

雑豆類は加水，膨潤，煮熟する過程で，品温が75〜80℃に達すると，子葉部細胞の細胞壁を形成している熱凝固性たんぱく質が凝固し，でんぷん粒子は細胞壁内に包み込まれたまま糊化・膨潤し，

1. 食への用途

いわゆる煮豆の状態となる．これに加水，すりつぶして個々の細胞粒子としたものが，いわゆる"あん粒子"であり，この細胞粒子の中には糊化・膨潤したでんぷん粒子が数個以上包み込まれていることから"細胞でんぷん"ともいわれている（図1.1）．これを多量に捕集，脱水したものが「生あん」である．

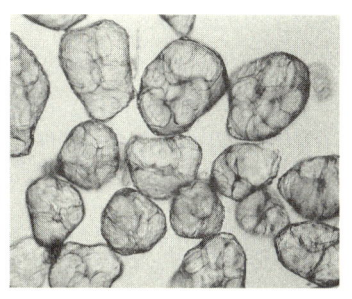

図1.1 あん粒子の顕微鏡写真
普通小豆：エリモショウズ

② 製あんによる成分移動

製あんには，多量の水を使用して原料豆を煮るという操作が必須の要件であり，さらに煮熟豆をすりつぶし，水さらしを行ってあん粒子を捕集するため，かなり多くの水を使用することになる．ちなみに，生あん製造工場における排水総量は原料豆1t当り35.5〜49.7m^3（公害防止事業指導マニュアル・1976年）と推定されている．このうち原料豆の洗浄および雑用水を除き，豆の浸漬から水さらしま

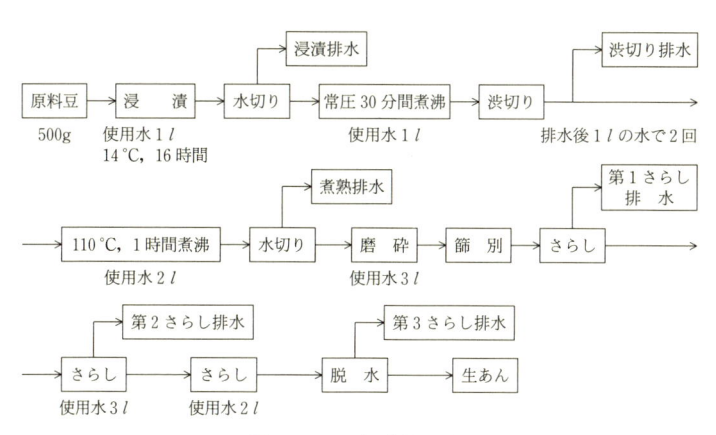

図1.2 モデル製あん法

での，いわゆる実用水は 24.0〜32.7 m^3 となる．したがって，製あんにより豆の成分がかなり流亡することは，容易に推定される．

製あんの過程で実際にどの程度の成分が流亡するかについて，アズキなどを対象に検討したものがある．この試験では図 1.2 に示すモデル製あん法により，生あんを採取するまでの成分収支を測定している．

原料豆の一般成分と成分別溶出率を表 1.1 および表 1.2 示す．アズキは固形分やたんぱく質の溶出は少ないが，無機質の流亡が最も多い．タケアズキでは，固形分や炭水化物の流亡は大であるが，無機質の溶出は比較的少ない．大正金時（インゲンマメの品種）とシロインゲンマメでは，たんぱく質，固形分，炭水化物の溶出はよく似ているが，無機質の溶出量はかなり異なっている．

このように，製あんによる豆の成分移動は種類によって若干異なるが，製あん工程を経ることによって固形分としてはその 16〜19％が流亡し，主成分である炭水化物は 13〜16％，たんぱく質は 14

表 1.1 アズキ，タケアズキなどの一般成分

原料 \ 成分	水分(%)	たんぱく質(%)	脂質(%)	糖質(%)	繊維(%)	灰分(%)
アズキ	12.7	21.3	0.6	56.9	4.4	4.1
タケアズキ	9.6	20.3	0.7	59.3	5.8	4.3
大正金時	10.2	21.8	1.2	57.9	3.3	5.6
シロインゲンマメ	10.7	18.5	1.7	60.6	4.0	4.5

注）アズキは北海道 2 等小豆，タケアズキは中国産，菜豆類は北海道産．

表 1.2 モデル製あん法による原料豆成分の溶出率（％）

原料 \ 項目	固形分	たんぱく質	還元糖	その他の炭水化物	無機質
アズキ	16.4	14.3	1.0	12.3	79.8
タケアズキ	18.7	18.3	1.0	14.9	65.1
大正金時	17.2	20.0	1.3	12.1	52.4
シロインゲンマメ	17.5	20.3	0.7	12.3	77.4

注）総溶出成分量の原料豆成分量に対する比率で示した．ただし，還元糖は糖質量に，その他の炭水化物は（糖質＋粗繊維）に対する比率で示した．

2) あんの種類と特徴

あんには，原料豆の種類や加工の内容などにより多くの種類や名称がある．

  原料豆の種類……………小豆(あずき)あん，赤あん，白あん
  加工の程度………………生あん，練りあん，乾燥あん
  製あん方法………………生こしあん，つぶし生あん，煮崩し生あん
  混合する糖量……………並あん，中割(なかわり)あん，上割(じょうわり)あん
  形態によるもの…………小倉(おぐら)あん，つぶし練りあん
  加合材料によるもの……黄味あん，柚子(ゆず)あん
  用途によるもの…………あんパン用あん，冷菓用あん，もなかあん

① 原料豆による種類

製あん原料に用いられるマメ類は，油脂含量の多いダイズやラッカセイを除いたアズキ，菜豆(サイトウ)(インゲンマメ類)，ササゲ，ソラマメ，エンドウなどで，これらを総称して雑豆類といっている．

小豆あん：香りや味にすぐれ，あん粒子の舌ざわりも柔らかく，赤あんの中で最高の品質をもっている．原料豆には国内産，外国産いずれも利用されるが，品種によって色，香り，味などに特徴がある．一般に利用されている北海道産普通小豆は「エリモショウズ」「きたのおとめ」が主力で，その他「栄」「宝」「ことぶき」などがあるが，これらは中国や台湾産アズキに比較して，色，風味ともにすぐれているといわれている．

また，大粒種のものは大納言(だいなごん)小豆といわれ，北海道産「アカネダイナゴン」が一般的であるが，その他「丹波大納言」「能登大納言」も利用されている．これら大納言小豆は，アズキのなかでも特に大粒で，しかも種皮率が普通小豆に比較して小さく，しかも高価であるため，高級品あるいは小倉あん，甘納豆(あまなっとう)など，粒状製品専用

に利用されるのが常である．

赤あん：通常の小豆色，いわゆる赤色のこしあんを赤あんと称する．赤あんには雑豆といわれるマメ類は，すべて利用可能である．雑豆類としては，内外産アズキを除くと，金時類で代表されるインゲンマメ，ササゲ，ソラマメなど，外国産ではタケアズキ（竹小豆），レッドキドニー（インゲンマメ属），レンズマメなどが原料豆として利用されている．

これら雑豆を利用して赤あんを製造するとき，あんの色調を整えるため，着色が行われている．現在は着色料には天然色素が使用されることが多くなっているが，着色料の添加には，

a. 原料豆の煮熟中に色素を加える方法
b. あん粒子の水さらし後，水槽中の濃縮あん汁に色素を混合する方法

などが行われている．

白あん：白色のあん粒子を特徴とするため，原料豆の外皮が白色であることはもちろん，煮熟中に極度の変色をしないこと，子葉細胞内の色調が蒸煮後も白色を保持していること，などが望まれる．

原料豆には，国内産では手亡（てぼう），白金時などが，輸入白雑豆としてはアメリカ産のベビーライマ，グレートノーザン，ラージライマ，ホワイトキドニーなど，東南アジア産のバタービーン，ホワイトビーンなどのライマメやインゲンマメが使用されている．

白あん製造の際の豆の煮熟程度は，製あん機に煮熟豆が流入して，ようやく細胞が分離するくらいが最適で，豆が煮熟によって褐変するのを避けることが大切である．煮熟時間が長いと胚芽（はいが）が淡赤色に発色し，それをすりつぶすと白あん全体が淡赤色に見えるので，過度の煮熟を避けるとともに，ふるい分け工程で完全に胚芽を除去することが必要である．

白あんの白度を上げるため漂白剤を使用することがある．通常，煮熟釜の中では亜硫酸水素ナトリウムにより，さらし工程では次亜

硫酸ナトリウムによる還元漂白の方法が採用されている．漂白後の水さらしが不十分な場合は，残存亜硫酸が法定許容量（SO_2として 0.03 g/生あん 1 kg）を超えることがあるので，十分な水さらしが必要である．

② **加工の程度による種類**

生あん：水洗，水浸，水切りした原料豆に約倍量の水を加えて煮る．渋切り操作（煮汁を捨て水を代えること）を 1～2 回行った後，軟らかく煮熟する．煮豆に加水し，冷却しながらすりつぶし，50 メッシュ程度のふるいで種皮などを分離してあん汁を採取，水さらし工程を経てから脱水機に入れ，過剰の水を絞り出したものが生あんである．製あん方法や原料豆の種類によって異なるが，通常生あんの水分は 60～65％である．なお，生あんは製あんの方法によってさらに細分化されている．

乾燥あん：生あんを乾燥して水分を 4～5％とした粉末状のもので，粉末あんともいわれている．現在はおおむねフラッシュドライヤーを利用して，水分 5～8％まで一気に乾燥するので，異味，異臭はなく，吸水性にすぐれ，膨潤度もよく，加水して生あんに戻した場合，通常の生あんよりやや粘稠性をもつ程度である．

練りあん：生あんあるいは乾燥あんを，砂糖を主とした糖類溶液と混合し，加熱，沸騰させながら，賦形性(ふけいせい)を保持できる状態まで練り上げたものである．練りあんには，原料豆の種類，製あん方法，砂糖類の混合量，特徴づけの加合材料などにより多くの種類がある．

③ **製あん方法による種類**

製あんの過程において，煮熟豆をどのように処理するかによって名称が異なってくる．

生こしあん：前記生あんの総称である．赤生こしあんと白生こしあんに大別されるが，さらに原料豆の種類やあん粒子の状態によって，取引上は「特赤」「上赤」「並赤」，「特白」「上白」「並白」などと格差をつけている．

つぶし生あん：原料豆の煮上げまでは生あんの工程と同じである．軟らかく煮上げたら水槽に入れて冷却し，2〜3回水さらしを行って圧縮脱水したものがつぶし生あんである．特に小豆あんではアズキの皮を残したまま，風味を強調することが特徴である．

煮崩し生あん：豆の皮をできるだけ破らないように，しかも皮と子葉をともに軟らかく煮上げたものである．したがって，原料豆には特に良質のものが選択される．アズキでは大納言の特等，白豆では備中白小豆，青エンドウでは上等品などが使用される．しかも豆の煮熟にあたっては，煮上がり近くになるに従って弱火にして，いわゆる"蒸らし煮"をして軟らかく煮上げ，煮釜の中に冷水を注いである程度冷やしてから釜揚げし，さらに冷却することが必要である．

その他：アズキでは，その特徴を強調するため，渋切らず生あんや皮むき生あんなども作られている．

④ 混合する糖量による種類

練りあんは，水分60％を含む生あんに配合する砂糖量によって，並あん，中割あん，上割あんの3種類に大別されている．乾燥あんを使用して練りあんを製造する場合は，予め乾燥あんに加水してしばらく放置し，あん粒子に十分吸水，膨潤させ，通常の生あん水分まで復元させてから砂糖溶液と混合し，あん練り操作に移ることが必要である．

並あん（並練りあんともいう）：生あん100（水分60％）に対して精製上白糖65〜70を加えて糖度（°Bx：ブリックス度）55〜58に練り上げたものである．小豆こし並あん，白あるいは青エンドウこし並あん，小豆つぶし並あん，白あるいは青エンドウつぶし並あんなどは，蒸しものや焼きもの，まんじゅう類など，並生・半生菓子類に広く利用される．小豆および白煮崩し並あんは，どら焼用や中級の生菓子に利用される．

中割あん（中割強あんともいう）：生あん100に対して精製上白糖

80〜90を加えて58〜64°Bxに練り上げたものである．中割あんは用途にもよるが，製造後時間の経過に伴って，砂糖の結晶が析出しやすくなる．そのため配合する砂糖の10％程度を，水あめや還元水あめに置換して製造することが多い．

並あんに比較してかなり色沢や風味も向上し，併せて日持ちもよくなる．焼きものや喰い口ものという上生菓子類，雪平ものなどに使用される．なお，喰い口ものとは練り切り，ぎゅうひ，雪平，羊かんなどを季節に応じて美術工芸的に組み合わせたものであり，雪平ものは練り上げたぎゅうひに白練りあん，卵白，片栗粉を練り込み，工芸用に使用されるものである．

上割あん（上割強あんともいう）：生あん100に対して精製上白糖90〜100，水あめ15を加え，64〜68°Bxに練り上げたものである．喰い口ものの上生菓子類，ぎゅうひもの（白玉粉に砂糖と水あめを加えて作るもち菓子），半生菓子類，サンドものなどに利用される．

表1.3　練りあんの配合基準

原料 ＼ 種類	並あん (g)	中割あん (g)	上割あん (g)	もなかあん (g)
生あん*1	1,000	1,000	1,000	1,000
(乾燥あん)*2	(450)	(450)	(450)	(450)
砂糖類*3	500〜750	750〜900	900〜1,000	1,000〜1,200
水あめ類*4	0〜50	50〜100	100〜200	100〜200
(食塩)*5	(2〜5)	(4〜6)	(5〜7)	(5〜8)
寒天				(2〜4)
水*6	300〜500	400〜500	450〜550	500〜600
	(900〜1,050)	(950〜1,050)	(1,000〜1,100)	(1,050〜1,150)
練り上げ水分の目安	35〜40％	32〜35％	30〜32％	27〜30％

*1　各種の生あんを使用すればよい．
*2　生あんの代わりに使用する場合の量を示した．
*3　白双糖，グラニュー糖，精製上白糖など，適宜選択して使用する．
*4　還元水あめや糖アルコール類でもよい．水あめ類を使用する場合は，その量だけ砂糖類を減量する．
*5　目的により適宜使用．
*6　水量は任意でよく，小豆，赤あんの場合は，700〜800まで使用してよい．ただし白あんの場合は，少なめがよい．（　）内は乾燥あん使用の場合であるが，乾燥あんは十分にもどすことが必要である．

『菓子入門』，日本食糧新聞社（1987）による．

なお，これら練りあんに配合する砂糖は，精製上白糖に限ったものではなく，対象品，用途などにより，白双(しろざら)，精製グラニュー糖，ビート糖なども使用されるほか，目的によっては還元水あめ類，糖アルコール類，各種オリゴ糖類も利用されている．練りあんの配合基準を表1.3に示す．

⑤ 形態による種類

つぶしおよび煮崩し練りあん：両者とも生こしあんを練るときよりも，水をやや多目に加えて練る．練り上げた後，冷えてから組織の"しまり"が強いので，練り加減はこしあんの場合より軟らかめがよい．いずれも使用目的によって並，中割，上割あんとするが，煮崩し練りあんの場合は並あんとして利用することはまれであり，ほとんどが中割あるいは上割あんとして利用される．また，つぶし練りあんには，塩味をつけて使用するのが一般的である．

小倉あん(小倉蜜漬(おぐらみつづけ))：大納言小豆，白小豆，シロインゲンマメなど，粒形の整った原料豆を使用し，先の煮崩し生あんの場合と同様に，豆の形を損なわないよう，蒸らし煮して軟らかく煮上げる．これを砂糖の濃厚溶液（40％程度）で軽く煮沸し，そのまま一夜蜜漬け（糖液に浸す）する．翌日いったん豆を取り出し，糖液を煮沸して再び蜜漬けする．この操作を2〜3回反復して，煮豆の組織内に十分糖液を浸透させるようにするが，豆が硬くならないように糖液の煮沸を加減して仕上げる．この蜜漬豆と中割あんを混合して小倉あんにしたり，そのまま鹿の子(かのこ)（あんで「ぎゅうひ」または羊かんを包み，周囲に蜜漬豆をつけ，寒天溶液で天ぷらまたは刷毛塗りにしたもの）の仕上げ材料として使用する．

⑥ 加合材料による種類

並，中割，上割あんをベースとして，使用目的によって各種の食品材料を混合して練り上げたもので，多くの種類がある．

a．並あんをベースにするもの

練り切りあん：上生細工菓子用練りあんのことで，生こしあんか

ら直接練る方法と，並あんをベースとしてさらに練る方法がある．練り上げの程度を，並あんより少し硬めに練ることと，練り上げ直前にみじん粉（もち米を蒸したもの，または一度もちにしたものの乾燥粉末）などの"つなぎ"を，生あん 100 に対して 6〜10 加えることが必要である．練りあんの造形性を増すために"つなぎ"を加えるわけであるが，みじん粉のほか，ぎゅうひやヤマノイモ，ヤマトイモのすりおろしたものが用いられる．一般的には"ぎゅうひつなぎ"がよく用いられる．

黄味あん：白生あん 1 kg に対して 600〜650 g の砂糖を使用して練り，練り上げ直前にゆで卵の卵黄 2〜4 個分を裏ごししたものを混合して練り上げたものである．

b. 中割あん，上割あんをベースにするもの

ベースとなる中割あんまたは上割あんに，いろいろな特徴づけのできる食品材料を加えて練り上げたものである．加合材料としては下記のようなものが利用されるが，加合練りあんは加えた食品材料の香味や食感が，練りあんの食味食感と調和して，なお，その加合材料の特徴が表現されることが必要である．

〔加合材料の例〕小倉蜜漬，クリの蜜漬，大島糖，味噌，ユズ，レモン，ゴマ，ノリ，コンブ，クルミ，抹茶，梅肉，柿肉，コーヒー，ココア，チョコレート，ミルクなど．

3) あんの利用

あんは，菓子類とくに和菓子の基本材料として欠くことのできないもので，あんあっての和菓子といえるほど重要な役割をもっている．その他，菓子パン，洋菓子類，冷菓，あんみつなどの補助材料として広く活用されている．

① 菓子類の中あんとしての利用

大福餅，うぐいすもち，柏餅などのもちもの，各種蒸しまんじゅう，どら焼，金つば，栗まんじゅう，月餅，桃山，石衣，もなか，塩がま，ぎゅうひもの，あんドーナツ，パイまんじゅう，懐

中汁粉など.

② 菓子類の組織形成に関与する利用

練り切り, むらさめ, 羊かん類, 鹿の子類, あん団子など.

③ 補助材料としての利用

あんパン, モンブラン, 小倉アイス, あんみつ用あんなど

（早川幸男・的場研二）

1.2 甘 納 豆

甘納豆は雑豆類を砂糖漬けしたもので, マメ類有効利用の一つである. 創製はササゲで行われたといわれているが, 大納言小豆をはじめ, 黒豆（黒大豆）, シロインゲンマメ, 金時類, 青エンドウ, ソラマメなど, 各種のマメ類を使用して製造されている.

甘納豆製造の要点は, 原料豆の細胞組織を吸水によって十分膨潤弛緩させ, 加熱により外皮を破壊することなく軟らかい煮豆組織とし, 濃厚な糖液に浸漬して細胞内に十分に糖類を浸透させて仕上げることにある. 操作は比較的単純であるが, 外皮とも軟らかく仕上げることが大切である.

1） 豆 の 水 浸

原料豆の種類や質によって若干の差はあるが, 水温20℃で8〜10時間, 水温7〜8℃の冬季は15〜20時間がよいとされている. 新しい豆では20℃, 3〜4時間でよい. 原料豆を軟らかく煮上げるための前処理なので, 原料豆の性状を考慮して水浸時間や温度の調整を行うことが必要である.

2） 煮 熟 方 法

煮沸中に豆が躍らないようにすること, 煮熟後の豆を熱いうちに外気にさらさないことなどが, 外皮を破らぬように豆を煮熟するための主な注意点であるが, 通常は次のように行われる.

煮豆用の金網籠に原料豆を入れ, 水浸, 膨潤させる. 籠はその大きさにもよるが, 底部から籠の高さまでつき出ている円筒の金網を

1〜数本備え，しかもそれに沿って籠を上下し，任意の箇所で止めることのできる網蓋（あみぶた）をもち，煮沸が籠内部まで均一に行われるよう工夫されている．網蓋を載せ，豆が動かないように止めて煮釜に入れる．水を一杯に張り，強火で加熱する．沸騰したら火を弱めて30分間ゆるやかに沸騰させたのち，火を止めてそのまま30分間放置する．徐々に水を注加して品温を下げるとともに渋切りを行う．再び沸騰近くまで加熱した湯に，重曹またはリン酸三ナトリウムを原料豆重量に対して1％加えて溶かし，渋切りした豆をそのまま入れ，30分間緩やかに沸騰させる．これで軟らかく煮上がるが，念のため煮え具合を確認したのち，注水冷却して品温が下がってから籠を上げ，水を切り，煮熟豆とする．

3）蜜（シラップ）漬け

いきなり糖度の高い蜜に漬けると，豆の内部まで糖が浸透しないので，初めは糖度を低くし，次第に糖度を上げるとよい．通常一番蜜は糖度40°Bxに調整，水切りした豆を金網籠ごと浸漬して加熱，沸騰直前に火を止め一夜浸漬する．翌日再び加熱し沸騰したら籠を上げ，蜜に糖類を加えて加熱溶解，沸騰させ糖度65°Bxとして籠を入れ，火を止め，再度一夜浸漬する．翌日さらに加熱し，沸騰直前に籠を上げ，110〜113°Cで蜜を煮詰め，再度籠を入れて火を止め，約30分間浸漬後，籠を上げ，蜜切りする．

以上，水浸から蜜漬終了まで，すべて金網籠に入れたまま行う．

4）仕 上 げ

蜜切りした豆を取り出し，砂糖を振り掛け，表面にうっすらとまぶしつけ，しばらく放置する．微熱の残っているうちに，再度砂糖をまぶしつけ，冷却したらふるい掛けして余分の砂糖を除去，製品とする．

製品は豆の名称を付し，大納言甘納豆，お多福（たふく）甘納豆，青豌豆（あおえんどう）甘納豆などと呼ばれるほか，地域により各種の名称がつけられている．

〔早川幸男・的場研二〕

1.3 豆菓子類

マメ類を利用した菓子類を総称して豆菓子類というが,おおむね豆の形態をそのまま保持した利用方法で特色を出している.大別すると煎り豆,揚げ豆,掛けもの(センターもの)になる.

1) 煎り豆

ダイズを利用した福豆,エンドウを利用した塩豆,煎りラッカセイなどがよく知られており,庶民的な味として古くから親しまれている.

2) 揚げ豆

ラッカセイを揚げたバターピーナッツ,ソラマメを原料としたいかり豆,グリーンピースのフライものなどがある.

3) 掛けもの(センターもの)

五色豆,おのろけ豆,ぜいたく豆などがある.

五色豆は京都の名菓として知られているが,白エンドウを水漬けしたのち煎り,赤,白,黒,茶,青の5色の蜜掛けを行い,乾燥したものである.黒色の代わりに黄色を使ったものもある.

おのろけ豆は,煎ったラッカセイをセンターとし,軽く蜜掛けして寒梅粉や小麦粉を主体に調味した粉類で均一に衣掛けし,さらに蜜掛け,粉掛けを繰り返し,適当な大きさとしてから炒り,必要なら炒ったのち圧扁したり,味付けしたりして仕上げ,製品とするものである.

ぜいたく豆はソラマメを水漬けして煎り,砂糖の蜜掛けをして仕上げたもので,煎りラッカセイの半身に砂糖掛けしたものもある.

〈早川幸男〉

1.4 も や し

もやしはリョクトウ,ケツルアズキ,ダイズなどのマメ類を発芽させたもので,清浄野菜として人々に親しまれている食品である.

ビタミンCを豊富に含み,食物繊維にも富んでいるので栄養的に優れた特性を持っている.

リョクトウはインドが原産地で,古代に中国に伝わった.種子は小さく緑色,褐色,黒色などのものがある.ケツルアズキはブラックマッペ,ブラックグラムともいわれ,リョクトウとしばしば混同される.最近では,東南アジアから輸入されるケツルアズキのもやしに代わってリョクトウもやしが増えている.

大豆もやしは別に記すが,わが国でもやし原料として年間に用いられる豆の量は,ダイズ以外の豆が4万〜5万t,ダイズが数千tである.

1) 製造方法

原料の豆はまず精選,洗浄し,水浸漬後,一定温度に保った暗所

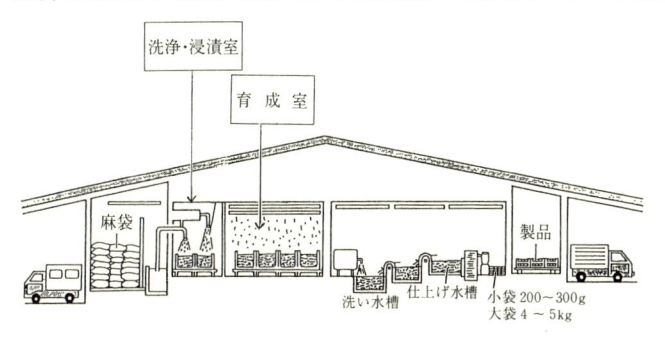

図1.3 もやしの製造工程および条件

洗浄・浸漬容器は,材質は丸・角形繊維強化プラスチックまたは鉄製で,容量は約70〜125 l を用い,原料豆を洗浄後,温水(30〜40℃)に8〜9時間浸漬する.

育成室の温度は冷暖房して20〜28℃に維持する.

生育台はステンレス製でキャスターが付き,高さは2mで台の周囲は塩化ビニル製の波板張りである.原料は床1m^2当り40〜50kg(乾物重)置き発芽・育成する.

発芽・育成は18℃の水を約6時間ごとに散水して約8日間行い,出荷する.

水洗いは10〜100t程度のステンレスまたはコンクリート製の水槽の中で行い,豆の表皮などを十分に洗い落とす.

で，定期的に散水をしながら発芽させ，7〜8日後，芽の長さが適当になったら洗浄，包装，出荷する．図1.3に工程図および製造条件を示す．なお原料豆は適切な条件（低温低湿）で保管する必要がある．

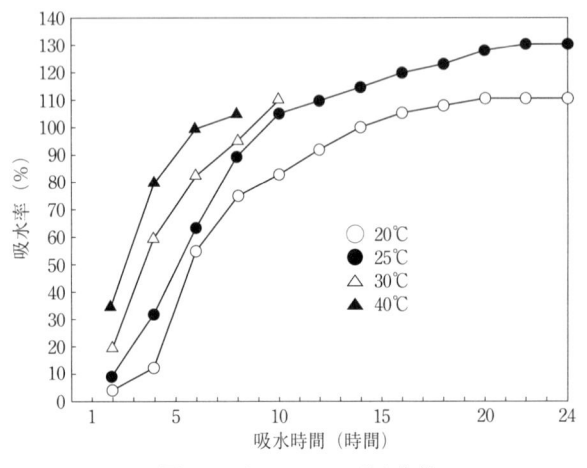

図1.4 リョクトウの吸水曲線

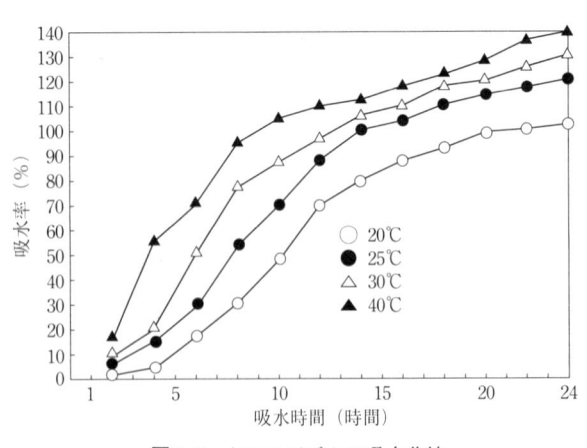

図1.5 ケツルアズキの吸水曲線

① 原料の洗浄と浸漬・殺菌

原料中に存在する植物性病原菌やカビは，もやし製造中に増殖して腐敗の原因となるので予め十分に洗浄，浸漬，殺菌する必要があ

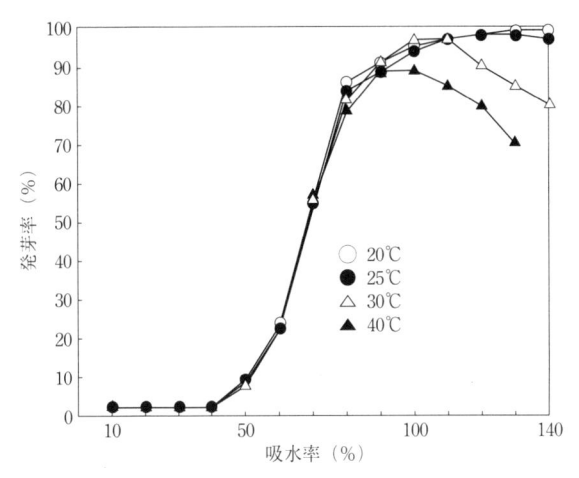

図1.6 リョクトウの発芽率と吸水率

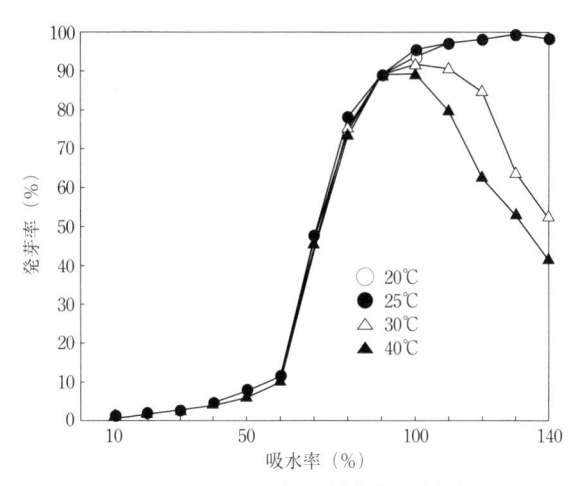

図1.7 ケツルアズキの発芽率と吸水率

る．洗浄は自家水道水を使って十分に行う．次に浸漬は原料の2〜2.5倍の水を加え，殺菌はこれに食品衛生法で使用が認められている，高度さらし粉（$Ca(OCl)_2$の組成で純度60％以上）を有効塩素濃度が200ppmになるように加え，一定時間を経過させる．排水前にさらし粉を前記と同濃度になるように加え殺菌を行う．浸漬温度は30〜60℃，時間は4〜9時間である．リョクトウおよびケツルアズキの各温度による吸水曲線は図1.4，1.5のようで，温度が高いと吸水は早く，低いと遅い．また，吸水率と発芽率の関係は図1.6，1.7に示すように吸水率が高いと発芽率は高いが，温度が高くなると吸水率が高くなった場合発芽率は低下する．このことからリョクトウは30℃，8〜9時間の吸水，ケツルアズキは40℃，8〜9時間以下が適当である．

② 製造温度と散水条件

水浸漬を終わった豆は水を抜いた後育成室に移し，室温を28〜40℃とし，散水を1回450〜600 l/m^2，1日4回行う．この方法は

表 1.4 リョクトウもやしの品温を変えた場合の形状

品　温 (℃)	胚軸の長さ (mm)	胚軸の太さ (mm)	重　量 (g)
20	55	4.8	0.5
23	65	3.8	0.5
25	72	3.4	0.5
28	55	3.3	0.4

注1) 8日後のもやしの形状．
2) 28℃のもやしは温度が高いため生育不良．

表 1.5 ケツルアズキもやしの品温を変えた場合の形状

品　温 (℃)	胚軸の長さ (mm)	胚軸の太さ (mm)	重　量 (g)
20	38	2.5	0.3
23	45	3.9	0.4
25	48	3.7	0.4
28	56	3.5	0.4

注) 8日後のもやしの形状．

原料がケツルアズキの場合であり、リョクトウでは発根が多くなり過ぎる関係で、育成室の温度を 24～28°C に下げている。最近は散水に温度センサーを利用して、もやしの温度が一定温度に達すると散水するようなシステムを用いている所が多くなっている。表 1.4, 1.5 は $40 kg/m^2$ の原料を使用し、異なる品温で 8 日間育成したもやしの形状を数値で示したものである。品温によって差のあることは明らかで、リョクトウは 20～24°C、ケツルアズキは 25～28°C であれば胚軸の長さ 50mm、太さ 3.5～4mm、重量 0.5～0.7g 以上のものが製造できる。

③ 水洗,包装,流通

育成を終わったもやしは、水洗いによって発芽・生育中に生じた物質を取り除き清浄にする必要があり、また取扱い中に破損した根や皮などを除去しなければならない。これには水槽中の水の中で撹拌を行う。最後に洗浄ライン上に敷かれたもやしにシャワーをかけて水洗いと選別を行う。水洗いを終わったもやしはプラスチックフィルムに一定量ずつ入れ、封をして冷蔵する。

もやしは包装後も呼吸をしているが、酸素不足の状態にあり、保存条件が適当でないと劣化の原因となるので低温流通が必要である。最近は酸素透過性のフィルムを用いることにより、正常な呼吸が行えるようにして鮮度を保持することが一部で行われている。

④ もやしの歩留り

原料から得られるもやしの量は豆の種類、芽の長さ、太さなどによって差があり、一概に言えないが、大体原料豆 10kg に対し 70～90kg 程度である。

⑤ 品質低下防止対策

もやしは製造中に植物病原細菌やカビの増殖によって腐敗が発生することがある。細菌では茎腐細菌病菌の増殖による場合が多い。腐敗はもやしの茎部に発生するが、原料の水分が 12.5％ 以下のものを使用すると防止することができる。

カビによるものは種類が多く,原因菌が原料内に生息しているため,浸漬時の塩素殺菌では効果が少ない.そのため乾燥状態の原料を高温の湯に浸漬する方法やカラシ抽出物(アリルイソチオシアネート10%含有製品)を0.1%混合・撹拌し,密封状態で5日間経過させる処理を行っている所も一部にある.

⑥ エチレンガスの使用

もやしの形状は東日本では太く,西日本では細長いものが好まれている.しかし,最近はむしろ料理によって決まる傾向にある.

東日本タイプの太もやしは,低濃度のエチレンガスを使用して製造することが効果的とされている.エチレンガス濃度ともやし(ケツルアズキ)の形状の関係をみたのが図1.8で,胚軸の長さを抑え,太さを増す効果が明らかである(エチレンガス濃度はコントローラーで調整).エチレンガスの使用時期は工場の生産環境により,原料の

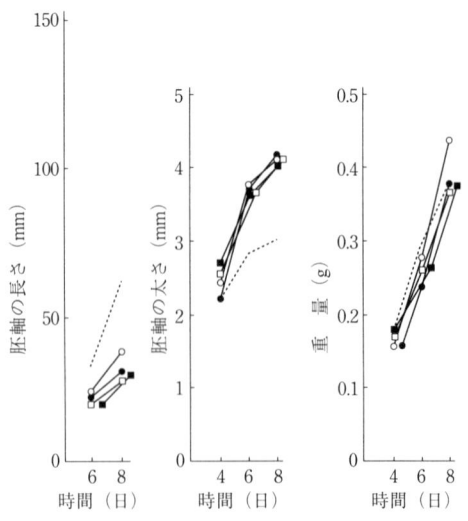

図1.8 エチレンガス濃度ともやしの形状
(胚軸の長さ,太さ,重量)
○ 2.5, ● 5.0, □ 7.5, ■ 10ppm 使用, ---- 無使用

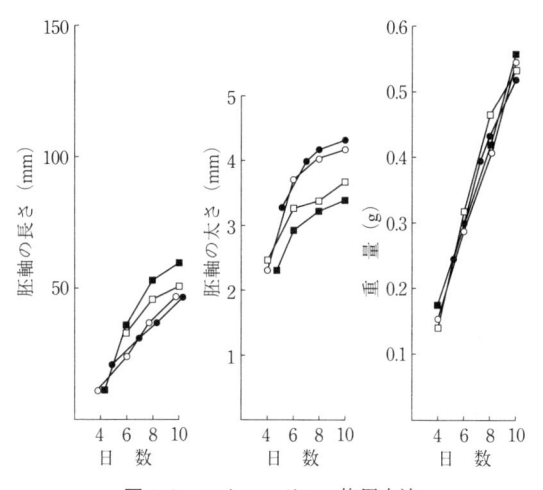

図 1.9 エチレンガスの施用方法
○ 浸漬後 4 日から施用, ● 浸漬後 5 日から施用,
□ 浸漬後 6 日から施用, ■ 浸漬後 7 日から施用

浸漬から行っている場合もあるが,浸漬終了後,育成室で 4〜5 日目からエチレンガス濃度 2〜3ppm で使用するのが適切である.図 1.9 は浸漬後の日数を変えてエチレンガスを 2〜3ppm 使用したときのもやしの形状(長さ,太さ,重量)をみたものである.

2) 近代的なもやし製造システム

このシステムは,東京都立食品技術センターの研究成果を基に,東京都中小企業振興公社の助成を受けた企業 2 社と共同開発したものである.

図 1.10 にシステムの写真を示した.この写真から大別して説明すると,中央から右側は有線あるいは人工衛星を経由して,もやしの製造環境を設定,制御,監視するものである.

これらの設定項目として製造条件である温度,湿度,水温,もやしの品温,散水方法があり,操作はパソコンのモニターを見ながらマウスを使用して行う.また,もやし製造工程は危害分析重要管理

図 1.10 もやし製造システム

点方式（HACCP）による管理として，散水中の塩素濃度を別の測定器で測定し，これらの結果をモニター画面に表示するとともに印刷や記録をする．あわせてシステムが稼働中に異常が生じたときは警報を発する．

左側はエチレンガス濃度や使用方法を設定・制御するもので，10種類の条件を前者と同様に行い，使用結果も印刷や記録する機能を持っている．

3) もやしの成分組成

「四訂日本食品標準成分表」によると，リョクトウもやしの成分組成は表1.6のとおりである．ここには原料豆との比較のため両方の成分表を示してある．

この表から分かるように，リョクトウもやしにはビタミンCが含まれ，原料豆にはゼロであることから，明らかに発芽中に生成したものである．一般の野菜に比べると少ないが，それでもサヤインゲン，ネギ，ミツバなどにほぼ匹敵している．リョクトウとリョクトウもやしの組成を乾物換算すると，たんぱく質はそれぞれ100g中28.1g，25.5g，糖質62.0g，46.1g，繊維4.3g，6.0g，灰分3.9g，

1. 食への用途

表1.6 リョクトウおよびブラックマッペもやしの成分組成

(可食部100g当り)

食品名	リョクトウ (乾)	リョクトウもやし	ブラックマッペもやし
エネルギー (kcal)	354	25	16
水分 (g)	10.8	91.6	94.4
たんぱく質 (g)	25.1	3.3	2.3
脂質 (g)	1.5	0.1	∅
炭水化物 (g)			
糖質	55.3	4.1	2.4
繊維	3.8	0.5	0.6
灰分 (g)	3.5	0.4	0.3
無機質 (mg)			
カルシウム	100	17	17
リン	320	48	32
鉄	5.9	0.6	0.4
ナトリウム	0	3	7
カリウム	1,300	130	80
マグネシウム			12
亜鉛			260
銅			60
ビタミン			
カロチン (μg)	220	9	∅
A効力 (IU)	120	∅	∅
B_1 (mg)	0.70	0.08	0.04
B_2 (mg)	0.22	0.09	0.07
ナイアシン (mg)	2.1	0.5	0.4
C (mg)	∅	16	12

注) ∅は微量.
四訂日本食品標準成分表(科学技術庁資源調査会)による.

4.8gである.この数値は,もやしが出来る間の成分のおよその変化を示すもので,繊維の増加は発根その他繊維質組織の生成によるものと考えられる.また灰分の増加は,たんぱく質,糖質の減少による相対的変動によるものであろう.さらに,もやしの中のたんぱく質には分解で出来たアミノ酸,ペプチド類が含まれている.

なお,表1.6にはブラックマッペ(ケツルアズキ)もやしの成分組成も一緒に示した.

(青木睦夫)

1.5 はるさめ

　本来のはるさめ（春雨）はリョクトウから採ったでんぷんを原料にして作った細いめんで，その姿が春の雨に似ていることが名前の由来であろう．中国で生産されていたが，わが国でも作られ，最近は中国から輸入されるリョクトウを用いる．また，中国で生産されたはるさめ（豆麺(とうめん)）も輸入されている．さらに，わが国で生産されるはるさめは，原料にバレイショでんぷんやカンショでんぷんも用いられ，最も生産量が多い．リョクトウからでんぷんを採るためには水浸漬，磨砕(まさい)後，皮や繊維分を除き，必要なら放置発酵させでんぷん以外の成分を可溶化し，これを上澄みとして除き，沈降したでんぷんを脱水，乾燥する．

製 造 方 法

　リョクトウでんぷんを用いる「はるさめ」について以下に説明する．

　最初に原料でんぷんの一部に熱湯を加え撹拌(かくはん)，糊化(こか)させる．ついで残ったでんぷんを生のまま，これに加えて再び撹拌，混合して水分46％位の混練物とする．これを底に0.9mm位の孔を多数あけた容器に入れ，太さが0.5〜1.5mmになるように90〜95℃の熱湯中に押し出してでんぷんを糊化させ，めん線とする．次にめん線の表面の糊を除き，竿(さお)にかける．−10℃程度で凍結後30〜40℃の温湯で解凍するとめん線は水切りがよく，かつ相互の付着が少なくなり，2〜3日間の天日乾燥で製品となる．乾燥は加熱乾燥する場合もあ

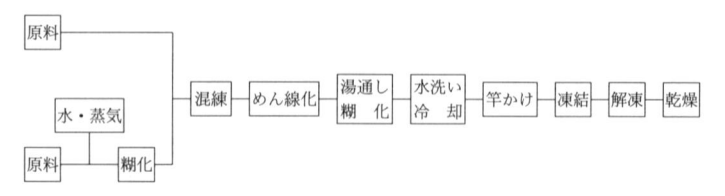

図1.11　はるさめの製造工程（『乾燥食品事典』による）

るが，温度の過度の上昇や不均一を避ける必要がある．製品の水分は14％前後である．

はるさめの製造の際の凍結操作は，本来は天然の気温によっていたと思われるが，最近は大部分が冷凍機を用いる．凍結はでんぷんの老化を促進するため，解凍後のめん線の分離がよく，また保水性が低下するため脱水が容易となり，乾燥時間を短縮できる．

図1.11は上に記したはるさめの製造工程の概要である．

〔青木睦夫〕

1.6 ソラマメの加工

加工食品原料として，ソラマメは1993年の輸入依存率が68.8％で，他の穀類と同様に輸入に依存し，輸入ソラマメが加工食品に広く使用されている．特に中国からの輸入が多く，青海省，甘粛省，山西省からのニンポウ，セイカイと生産地名を冠した種類が油菓子，豆菓子，醬油豆，あんに利用されている．一方，発酵食品としては中国の四川料理に使用される辛子味噌（豆瓣醬）の原料としてソラマメが利用されている．

1) 揚げ菓子および焼き菓子

選別したソラマメを水に一夜浸漬し，吸水したソラマメに隠し包丁を入れ水切り後，大豆油で揚げた後に油切りを行う．揚げることにより，種皮内部の子葉が反り返り，油が子葉の内部まで浸入しやすくなり，熱が通りやすくなっている．一部の種皮をはぎ取り帯状に種皮を残した後に，揚げた製品もある．

脱皮したソラマメを焙炒しまたは揚げ，砂糖，ノリなどをからめ焼き菓子，揚げ菓子になる．

2) あ ん

乾燥前に莢から分別した未成熟ソラマメ（青実）を剝皮し，煮熟，ミンチ掛け（磨砕），ふるい掛け，水さらしした後，脱水し練りあんに加工する．

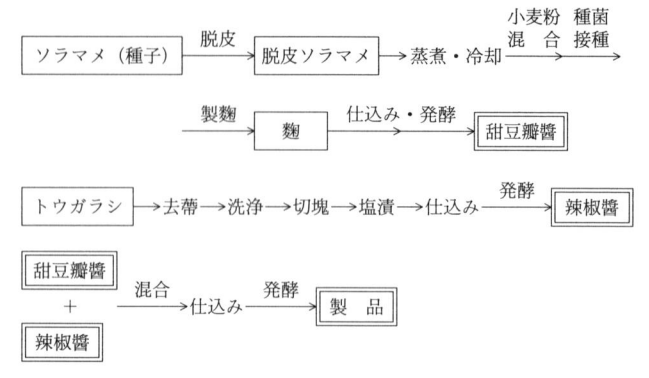

```
ソラマメ(種子) ──脱皮──→ 脱皮ソラマメ ──蒸煮・冷却──→   小麦粉 種菌
                                                        混合 接種
                 製麴         仕込み・発酵
        ──────→ 麴 ─────────→ 甜豆瓣醬

トウガラシ → 去蔕 → 洗浄 → 切塊 → 塩漬 → 仕込み ──発酵──→ 辣椒醬

甜豆瓣醬
  +      ──混合──→ 仕込み ──発酵──→ 製 品
辣椒醬
```

図 1.12 豆瓣醬の製造工程

3) 辛子醬(豆瓣醬)

童らおよび呉らの方法を以下に述べる．

湿式または乾式による脱皮後，水浸漬し，水切り後蒸煮する．小麦粉と混ぜた後に製麴，塩水仕込み，切り返しを行いながら発酵を経て甜豆瓣醬を作る．他方，刻んだトウガラシを塩水に漬け発酵させ辣椒醬を作る．甜豆瓣醬と辣椒醬を合わせ，再度発酵させて豆瓣醬とする(図 1.12)．ソラマメを蒸煮せず生の状態で製麴に使用するなど，豆瓣醬には多くの種類があり製造法も異なる．

日本にもトウガラシと麴を混ぜ発酵させる信越地方の「かんざらし」があるが，かんざらし(辛子味噌)は米麴を使用する点が異なり，上記の辣椒醬に相当する．

4) 醬 油 豆

醬油豆の製造法は図 1.13 に示すように，乾燥完熟ソラマメを選別することで異物および石豆を除去し粒を揃える．次の焙炒(煎ること)は，たんぱく質を変性させ，吸水を促進させる前処理工程であり焙炒香をつける最も重要な工程である．水と焙炒豆の温度差を利用するため，焙炒直後に水に浸漬する．たとえば，焼いた石を水に入れると，石の脆い部分には亀裂が形成され，石が脆弱になる．

1. 食への用途

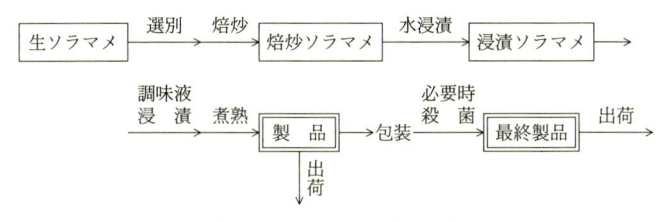

```
生ソラマメ →選別→焙炒→ 焙炒ソラマメ →水浸漬→ 浸漬ソラマメ →
```

```
          調味液            必要時
          浸漬 煮熟          殺菌
       → 製品 →包装→ 最終製品 →出荷
          ↓
          出荷
```

図 1.13 醬油豆の製造工程

このことが応用され，水と接したソラマメは急激に冷やされ，臍にある亀裂が焙炒で幅約 $100\mu m$ に広がり，この亀裂から水が種子内に浸入する．浸入した水は亀裂の形成された子葉と接触し，さらに亀裂を広げつつ水が内部へ浸入する．水浸漬により，豆の急激な温度降下が起き，種皮と子葉との空間が減圧する．その結果，減圧効

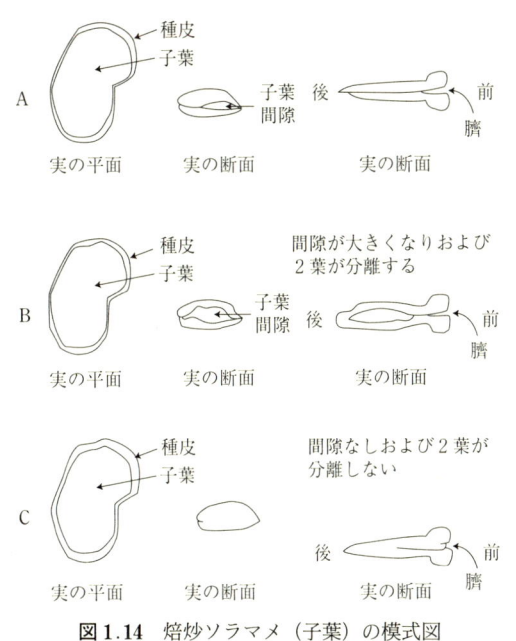

図 1.14 焙炒ソラマメ（子葉）の模式図
A：正常，B：石豆第1タイプ，C：石豆第2タイプ

A：正　常　　　　　　　　B：石豆第2タイプ

図 1.15 焙炒ソラマメ（子葉）の写真

果により臍の亀裂から水が浸入する．

　原因は不明であるが，莢の中で胚珠が形成され種子になるまでに"石豆"になると，後の加工が困難になる．醬油豆の製造に際しても，石豆の混入防止は重要である．選別工程で異常に小さいサイズの豆は除去し，さらに焙炒豆の浸漬後に吸水していない豆を除去することで，石豆の混入を防止している．このとき除去される石豆には二つのタイプがある．第1のタイプは焙炒により，水の吸水力はあるが，上下2枚の子葉間隙が広がりすぎ，水に浮き，臍が水面より上に出るため，水が十分種子内部に入らない．このタイプの石豆は浸漬時に落としぶたをすることで防止できる．しかし，第2のタイプは上下2枚の子葉が何かの原因で癒着し，焙炒しても子葉間隙が出来ず，種皮と子葉に十分な空間が形成されない．さらに，

表 1.7 子葉部および種皮について石豆と正常豆の成分比較

項　目	石豆第1タイプ		石豆第2タイプ		正　常　豆	
	子　葉	種　皮	子　葉	種　皮	子　葉	種　皮
pH	6.32	6.00	6.33	6.34	6.41	5.82
全　糖	64.89	21.50	43.99	22.47	64.77	20.69
水溶性窒素	0.10		0.08		0.11	
全窒素	5.78	0.89	5.52	1.23	5.60	0.48
カルシウム	55.0	377.3	60.3	339.6	52.9	400.7
鉄	7.0	3.7	8.0	4.6	7.7	3.3
粗脂肪	1.75	0.09	1.72	0.01	1.87	0.08

単位：全窒素，全糖および粗脂肪は g/100g(乾物)
　　　鉄，カルシウムは mg/100g(乾物)
ソラマメ：焙炒したニンポウ．

臍から入った水が上下2枚の子葉間には入らないために，子葉は吸水せず，異常に堅い豆となる（図1.14，図1.15）．この工程で水を吸収しない豆は，次の調味料に浸漬しても水と調味料の交換が行われないので，当然味も付かない．

正常に吸水をした豆とタイプ1，2の石豆の主要な成分を比較すると，第2のタイプの石豆は子葉部の全窒素，全糖が少なく，カルシウムと鉄が多い傾向を示している（表1.7）．

香川県しか生産していないことから，醬油豆は香川県の特産物となっている．しかも，県内でほとんどが消費されている．

(白川武志)

あんを使った和菓子

和菓子の代表ともいわれる「羊かん」は，鎌倉・室町時代に中国から禅宗文化が渡来した時に日本に入った「羊肝餅」に由来します．しかし，日本人は「肝」の字を嫌い，中国の別の料理名である「羊羹」をその名として用いたようです．江戸時代には小麦粉を入れた「蒸し羊かん」が一般に普及し，寒天の製造に伴い日持ちの良い「練り羊かん」が作られるようになりました．また，羊かんの数え方を1棹，2棹というのは，型箱で固めたものを細長く棒状に切った形に由来しているようです．

アズキのお菓子はコメや小麦粉などの穀類とともに加工されることが多い．長野県では初午に子供の無病息災を祈り，道祖神に「ねじ」を奉納する習わしがあります．この「ねじ」とは，米粉で作った団子の中に小豆あんを入れたものです．

滋賀県には正月のもてなしの菓子として「でっちようかん」があります．アズキ，黒砂糖で作ったあんに小麦粉を加え，竹の皮でくるんで蒸す蒸し羊かんです．

秋田県の「あずきでっち」は，アズキともち米を煮て砂糖で甘味を付け，すりこ木で搗きまぜ，形を整えたもので，昔は農家の長い冬に欠かせないおやつでした．

(一部『伝えてゆきたい家庭の郷土料理』(婦人の友社)より引用)

2. 成分組成

主にでんぷんを利用する雑豆類（ダイズおよびラッカセイ以外のマメ類）の一般成分を表2.1に示す．ここでは「四訂および五訂日本食品標準成分表」（以下「成分表」という）とFAOによる数値を示したが，成分項目によってかなり差のあるものがある．

水分は収穫後の乾燥の程度や保管条件による差と思われるが，インゲンマメ，ササゲ，ベニバナインゲンでは，成分表とFAOでは3.4〜4.4％もの差がある．たんぱく質，炭水化物を固形分で比較してみると，2％以上差のあるものは，炭水化物ではササゲ，タケアズキ，リョクトウ，レンズマメ，たんぱく質ではササゲ，ベニバナインゲン，リョクトウ，レンズマメであった．これらの差は栽培地，栽培種によるものと考えてよい．なお，参考のため表2.2に輸入雑豆の成分例を示した．表中，バター，サルタニ，ベビーライマはライマメ，カフェヤ，ボケートはササゲ，ホワイトキドニーはベニバナインゲン，メキシコキドニーはインゲン，ウインターはエンドウの産地名である．

2.1 炭水化物

雑豆類の炭水化物は，でんぷん，糖，ペクチン，セルロースなどからなっており，種類によって異なるが，おおむね55〜65％を占めている．そのうちのほとんどはでんぷんで，少ないものでも炭水化物の約60％，多いものでは90％も占めるものがある（表2.3, 2.4）．でんぷん中のアミロース含量は，一般の穀類やイモでんぷんと同様20〜30％のものや，エンドウ，ソラマメ，レンズマメなどのように35〜40％（表2.4）を占めるものもあり，特にエンドウでは57〜74％と非常に高い値も知られている．

セルロース，ヘミセルロース，ペクチンおよびリグニンなどから

2. 成分組成

表 2.1 雑豆類の一般成分

食品名		エネルギー		水分	たんぱく質	脂質	炭水化物	灰分
		kcal	kJ			g		
アズキ	I	339	1,418	15.5	20.3 (24.0)	2.2 (2.6)	58.7 (69.5)	3.3 (3.9)
	II	324	1,356	15.0	21.1 (24.8)	1.0 (1.2)	59.5 (70.0)	3.4 (4.0)
インゲンマメ	I	333	1,393	16.5	19.9 (23.8)	2.2 (2.6)	57.8 (69.2)	3.6 (4.0)
	II	336	1,406	12.1	20.3 (23.1)	1.2 (1.4)	62.8 (70.5)	3.6 (4.3)
エンドウ	I	352	1,473	13.4	21.7 (25.1)	2.3 (2.7)	60.4 (69.8)	2.2 (2.5)
	II	330	1,381	13.6	22.2 (25.7)	1.4 (1.8)	60.1 (68.9)	2.7 (3.1)
ササゲ	I	336	1,406	15.5	23.9 (28.3)	2.0 (2.4)	55.0 (65.1)	3.6 (4.3)
	II	340	1,423	11.5	22.7 (25.7)	1.6 (1.8)	61.0 (68.9)	3.2 (3.1)
ソラマメ	I	348	1,456	13.3	26.0 (30.0)	2.0 (2.3)	55.9 (64.5)	2.8 (3.2)
	II	328	1,372	13.8	25.0 (29.0)	1.2 (1.4)	62.0 (66.0)	3.1 (3.6)
タケアズキ	I	346	1,448	12.3	20.3 (23.2)	1.6 (2.0)	61.8 (70.5)	4.0 (4.6)
	II	335	1,402	14.0	18.8 (21.5)	1.0 (1.7)	64.5 (75.0)	2.0 (2.3)
ヒヨコマメ	I	374	1,565	10.4	20.0 (22.3)	5.2 (5.8)	61.5 (68.6)	2.9 (3.2)
	II	362	1,515	11.0	19.4 (21.8)	5.6 (6.3)	63.4 (71.2)	3.1 (3.5)
ベニバナインゲン	I	332	1,389	15.4	17.2 (20.3)	1.7 (2.0)	61.2 (72.3)	4.5 (5.3)
	II	326	1,364	12.0	20.0 (22.7)	1.5 (1.7)	63.0 (71.6)	3.5 (4.0)
リョクトウ	I	354	1,481	10.8	25.1 (28.1)	1.5 (1.7)	59.1 (66.3)	3.5 (3.9)
	II	341	1,427	10.6	22.9 (25.6)	1.2 (1.3)	61.8 (69.1)	3.5 (3.9)
レンズマメ	I	353	1,477	11.4	23.2 (26.2)	1.3 (1.5)	61.3 (69.2)	2.8 (3.2)
	II	340	1,423	12.0	20.2 (23.2)	0.6 (0.7)	65.0 (73.9)	2.1 (2.4)

注) Ⅰは四訂および五訂日本食品標準成分表による．
Ⅱは FAO による．
( ) 内は固形物比．

表 2.2 輸入雑豆類の成分 (g/100g)

品 種 名	水 分	たんぱく質	全 糖	でんぷん	灰 分
タケアズキ	14.91	17.56	55.32	43.76	3.92
バ タ ー	15.57	18.94	59.10	45.51	3.41
サ ル タ ニ	15.06	18.69	57.55	44.72	3.83
カ フ ェ ヤ	14.27	22.19	51.52	36.87	3.54
ポ ケ ー ト	15.64	20.79	51.30	37.54	3.54
ベビーライマ	11.58	20.80	58.46	44.96	4.01
ホワイトキドニー	11.65	19.79	58.81	47.39	4.26
ウ イ ン タ ー	9.17	23.86	62.80	48.20	2.56
メキシコキドニー	13.02	19.46	59.71	45.11	3.60

注) 豆類の成分と品質（北海道中央農業試験場, 1988）による．

表 2.3 雑豆類の糖質と食物繊維 (g/100g)

食 品 名	炭水化物	食物繊維 総量	食物繊維 水溶性	食物繊維 不溶性	糖 質
ア ズ キ I	58.7	17.8	1.2	16.6	40.9
II	59.5	NR			
インゲンマメ I	57.8	19.3	3.3	16.0	38.5
II	62.8	25.4			37.4
エ ン ド ウ I	60.4	17.4	1.2	16.2	43.0
II	60.1	16.7			43.4
サ サ ゲ I	55.0	18.4	1.3	17.1	36.6
II	61.0	NR			
ソ ラ マ メ I	55.9	9.3	1.3	8.0	46.6
II	62.0	NR			
タケアズキ I	61.8	21.7	1.0	20.7	40.1
II	64.5	NR			
ヒヨコマメ I	61.5				
II	63.4	25.6			37.8
ベニバナインゲン I	61.2	26.7	1.2	25.5	34.5
II	63.0	NR			
リョクトウ I	59.1				
II	61.8	15.2			46.6
レンズマメ I	61.3	17.1	1.1	16.0	44.2
II	65.0	11.7			53.3

注) NR は記載なし．I, II は表 2.1 と同じ．

なる食物繊維は，その総量でみると低いものでも炭水化物の約 16％，高いものでは約 44％も占めており（表 2.3），マメ類が食物繊維の供給源になり得ることを示している．

表 2.4　全粒豆粉の糖とでんぷん含量 (%)

種類	総量	スクロース	スタキオース	ラフィノース	グルコース	ベルバスコース	他の糖	でんぷん	でんぷん中のアミロース
アズキ	4.0	0.6	2.8	0.3	0.1	0.2	—	—	—
インゲンマメ	5.6	2.2	2.6	0.4	Tr.	0.1	—	44.6	30.0
エンドウ	8.1	2.0	2.2	0.9	0.2	2.8	—	54.1	35.8
ソラマメ	5.0	1.6	0.8	0.2	0.3	1.9	0.1	51.6	35.0
リョクトウ	7.2	1.3	1.7	0.3	0.1	2.8	—	56.8	24.5
レンズマメ	6.1	1.8	1.9	0.4	0.1	1.2	0.9	59.1	40.3

注)　Tr.は痕跡程度．FAOによる．

また，糖類については表2.4に示したとおり，主にスクロースやスタキオースからなっており，雑豆全成分の4～8％を占めている．

2.2　たんぱく質

雑豆類のたんぱく質は，豆の細胞形成に関与するほか，あんや甘納豆，煮豆に利用する際，極めて重要な関わりをもっている．すなわち，あんの製造に当っては豆の細胞組織を破壊することなく，あん粒子を形成させることであり，煮豆や甘納豆においては豆の組織を破壊することなく膨潤，軟化させ，糖類などの調味料を効率よく浸透吸着させる役割を果たしている．

雑豆類は，加水，膨潤，煮熟の過程で，75～80℃に達すると，細胞内の熱凝固性たんぱく質が凝固し，細胞内にでんぷん粒子を包含したまま膨潤・糊化した状態となる．これが煮豆であり，煮豆をすりつぶして，でんぷん粒を包含した個々の細胞，いわゆる細胞でんぷんとしたものがあん粒子である．

雑豆類のたんぱく質は，風乾物中17～26％を占めており，子葉部たんぱく質はアルブミン，グルテリン，グロブリン，プロテオースなどからなるといわれている．また，ほとんどのマメ類には生豆中に少量の血液凝固性，あるいはトリプシンの消化性を妨げる有毒性たんぱく質の存在することが知られているが，加熱によってすべ

表2.5 雑豆類のアミノ酸組成（可食部100g当り）

種類 アミノ酸	アズキ	インゲンマメ	エンドウ	ササゲ	ソラマメ	リョクトウ
たんぱく質 (g)	20.3	19.9	21.7	23.9	26.0	25.1
アミノ酸 (mg)						
イソロイシン	870	900	900	1,000	1,100	1,100
ロイシン	1,600	1,600	1,500	1,800	1,800	2,000
リジン	1,500	1,300	1,500	1,600	1,600	1,800
メチオニン	320	250	210	370	200	390
シスチン	320	260	300	360	350	310
フェニルアラニン	1,100	1,100	1,000	1,300	1,000	1,500
チロシン	530	570	640	710	770	730
スレオニン	700	790	780	880	860	840
トリプトファン	210	220	190	280	210	270
バリン	1,000	1,000	1,000	1,200	1,200	1,400
ヒスチジン	650	600	570	780	670	730
アルギニン	1,300	1,200	1,800	1,500	2,400	1,600
アラニン	830	780	940	1,000	1,100	1,100
アスパラギン酸	2,200	2,200	2,400	2,500	2,700	2,800
グルタミン酸	3,100	2,800	3,400	3,800	3,900	4,000
グリシン	760	750	940	1,000	1,000	980
プロリン	840	710	910	1,000	1,100	1,100
セリン	930	1,000	920	1,100	1,100	1,200
合　計	18,760	18,030	19,900	22,180	23,060	23,850

注) 四訂日本食品標準成分表による．

表2.6 雑豆類の脂質（可食部100g当り）

種類	脂質	脂肪酸 飽和	脂肪酸 一価	脂肪酸 多価	コレステロール	リノール酸	リノレン酸
	g	g	g	g	mg	mg	mg
アズキ	2.2	0.27	0.07	0.55	0	384	170
インゲンマメ	2.2	0.25	0.18	0.79	0	279	510
エンドウ	2.3	0.27	0.44	0.68	0	595	86
ササゲ	2.0	0.43	0.12	0.73	0	460	269
ソラマメ	2.0	0.24	0.33	0.65	0	614	39
タケアズキ	1.6	0.32	0.10	0.55	0		
ベニバナインゲン	1.7	0.21	0.10	0.85	0		
リョクトウ	1.5						
レンズマメ	1.3	0.16	0.27	0.42	0		

注) 四訂および五訂日本食品標準成分表，日本食品脂溶性成分表による．

て無毒になるので，煮熟したものは問題ない．

表2.5に雑豆たんぱく質のアミノ酸組成を示した．雑豆類の特徴としては，メチオニン，シスチン，トリプトファンが少なく，ロイシン，リジン，アルギニンがやや多く，さらにアスパラギン酸や

表2.7 マメ類の脂肪酸組成（%）

試料 脂肪酸	大納言小豆		早生小豆		金 時		シロインゲンマメ		シロバナインゲン	
	無処理	加熱処理	無処理	加熱処理	無処理	加熱処理	無処理	加熱処理	無処理	加熱処理
ミリスチン酸	1.2	1.2	0.9	0.9	0.5	1.1	0.9	0.9	0.6	1.0
パルミチン酸	21.5	21.3	26.2	18.6	12.8	15.5	17.0	10.9	12.4	11.6
ステアリン酸	1.9	1.9	1.4	1.8	0.5	1.3	1.5	0.8	0.3	0.6
オレイン酸	6.6	6.3	13.2	11.7	10.6	12.0	6.0	8.1	11.8	6.6
リノール酸	46.1	44.5	41.5	43.4	42.4	25.4	24.9	29.1	29.2	44.7
リノレン酸	18.9	22.0	13.5	19.3	30.4	39.5	46.0	46.3	43.8	32.4
その他未同定	3.9	2.8	3.3	4.4	2.8	5.3	4.2	4.0	2.0	3.2

青木みか他：家政誌, **16**, 277 (1965)

表2.8 雑豆類のミネラル（mg/100g）

食品名		ナトリウム	カリウム	カルシウム	マグネシウム	鉄
アズキ	I	1	1,500	75	120	5.4
	II			82		6.4
インゲンマメ	I	1	1,500	130	150	6.0
	II			86		6.9
エンドウ	I	1	870	65	120	5.0
	II			54		4.4
ササゲ	I	1	1,400	75	170	5.6
	II			110		6.2
ソラマメ	I	1	1,100	100	120	5.7
	II			104		4.2
タケアズキ	I	1	1,400	290	230	13.0
	II			80		5.0
ヒヨコマメ	I	17	1,200	100		2.6
	II			114		2.2
ベニバナインゲン	I	1	1,700	80	190	5.4
	II			120		10.0
リョクトウ	I	0	1,300	100		5.9
	II			105		7.1
レンズマメ	I	∅	1,000	60	100	9.4
	II			68		7.0

注) I，IIは表2.1と同じ．

表 2.9 雑豆類のビタミン（可食部 100g 当り）

食品名		カロテン	A効力	E効力	K	B$_1$	B$_2$	ナイアシン	B$_6$	葉酸	パントテン酸
		μg	IU	mg	μg	mg				μg	mg
アズキ	I	7	0	0.5	8	0.45	0.16	2.2	0.40		
	II					0.45	0.15	2.2			
インゲンマメ	I	12	0	0.2	8	0.50	0.20	2.0	0.37		
	II					0.46	0.18	2.0			
エンドウ	I	240	130	0.4	16	0.72	0.15	2.5	0.29		
	II					0.77	0.18	3.1			
ササゲ	I	12	0	0.3	14	0.50	0.10	2.5	0.24		
	II					0.59	0.22	2.3			
ソラマメ	I	90	50	1.0	13	0.50	0.20	2.5	0.42		
	II					0.45	0.19	2.4			
タケアズキ	I	21	12	0.4	28	0.46	0.14	1.7	0.25	180	0.35
	II					0.30	0.21	2.4			
ヒヨコマメ	I	38	21		9	0.37	0.15	1.5	0.63		
	II					0.46	0.20	1.2			
ベニバナインゲン	I	0	0	0.3	8	0.67	0.15	2.5	0.51	140	0.81
	II					0.30	0.10	2.0			
リョクトウ	I	220	120		16	0.70	0.22	2.1	0.52		
	II					0.53	0.26	2.5			
レンズマメ	I	27	15	1.1	14	0.55	0.17	2.5	0.54	60	1.80
	II					0.46	0.33	1.3			

注) I, II は表 2.1 と同じ．日本食品ビタミン K, B$_6$, B$_{12}$ 成分表により補足．

グルタミン酸の多いことである．必須アミノ酸もメチオニン，トリプトファンがやや少ないほかは，ほぼ一様に含まれており，比較的良質といえよう．

2.3 脂　　質

雑豆類の脂質含量は，ヒヨコマメの5%を除いては1～2%と少なく，そのうち純脂肪は75%内外である．また，インゲンマメ，エンドウ，ソラマメ中にはレシチンが多く，脂質中にインゲンマメでは26%，エンドウには27%，ソラマメでは21%含まれる．脂質中の脂肪酸については表2.6に示したが，表2.7に示した加熱処

理前後の脂肪酸組成をみても，C_{18} の不飽和脂肪酸であるリノール酸やリノレン酸含量が多く，パルミチン酸やオレイン酸がそれに次ぐことがわかる．

2.4 ミネラルとビタミン類

ミネラルではカリウムとリンが多く，カリウムはいずれも1％内外，リンは 300～450mg％（mg/100g）含まれている．カルシウムは 50～300mg％，マグネシウムは 100～230mg％，鉄は 2～13mg％ 含まれ，通常の穀類よりはやや多い（表 2.8）．

ビタミン類は少なく，A，B_1，B_2 が穀類（玄米，小麦など）よりやや多い程度で（表 2.9），D 効力や B_{12}，C は雑豆中にはほとんど含まれていない．

2.5 その他特殊成分

アズキのサポニン類やタンニン系物質を始めとするポリフェノール類，ある種の菜豆(サイトウ)中に存在する青酸配糖体などが挙げられるが，これについては別項で触れられるので，ここでは省略する．

（早川幸男）

ダイズの伝統的な食べ方 3

ダイズの調理への利用の項にもありますが，「呉(ご)汁」という料理があります．

ダイズを一晩水に漬けてから水挽きし，そのままかあるいは味噌，ときには更に野菜などを加えて煮込んだものです．

東北地方をはじめ各地の家庭で今でもつくることがあるようです．

3. 栄養・機能

3.1 雑豆類の栄養

雑豆には多くの種類があるが,その成分組成は前章に示したとおり,ダイズのような油糧種子とは異なり,いずれも脂質が少なく,ほとんどが炭水化物とたんぱく質で占められ,PFC比(たんぱく質,脂質,炭水化物の比率)には片寄りがある(表3.1).しかし,小麦粉(中力粉で示す)や精白米に比較すると,炭水化物でも食物繊維含量が多く,たんぱく質を構成するアミノ酸組成や無機質,ビタミン類にもすぐれるほか,含まれるアントシアニン系色素やサポニンなど微量成分の生理学的機能から,雑豆類は栄養学上重要な働きを示すことが知られている.

表3.1 マメ類などのPFC比

食品名	たんぱく質 (P)	脂 質 (F)	炭水化物 (C)
普 通 牛 乳	27.4	30.2	42.4
人 乳 (母乳)	9.3	29.7	61.0
全 卵 (生)	50.4	45.9	3.7
小麦粉(中力粉)	10.5	2.1	87.4
精 白 米	8.1	1.5	90.4
ダ イ ズ	45.3	24.4	30.3
ア ズ キ	26.4	2.9	70.7
インゲンマメ	24.9	2.8	72.3
エ ン ド ウ	25.7	2.7	71.6
サ サ ゲ	29.5	2.5	68.0
ソ ラ マ メ	33.3	2.6	64.1
タケアズキ	24.3	1.9	73.8
ヒヨコマメ	23.1	6.0	70.9
ベニバナインゲン	21.5	2.1	76.4
リョクトウ	29.3	1.8	68.9
レンズマメ	27.0	1.5	71.5

注)「四訂および五訂日本食品標準成分表」により,P+F+C=100として算出した.

1) 炭水化物

　成分組成の項の表2.3および表2.4に炭水化物の組成例を示しておいた．食物繊維は，最も少ないソラマメでも，炭水化物の約17％を占めており，高いものではベニバナインゲンのように約44％に達するものもある．いずれも不溶性食物繊維が多く，比較的水溶性食物繊維の多いインゲンマメやソラマメでも総食物繊維に対する不溶性食物繊維の比率は83～86％であり，その他雑豆では93～96％が不溶性食物繊維で占められている（表3.2）．

　糖類は全粒豆粉中4～8％を占め，スクロースをはじめスタキオース，ラフィノースなどのオリゴ糖からなっている．スタキオース，ラフィノースなどのガラクトオリゴ糖は，腸内有用菌であるビフィズス菌の増殖活性を持つことが知られており，雑豆中糖類総量に対し，ソラマメでは約20％，アズキでは78％にも達している．

　以上のように雑豆炭水化物は，主成分であるでんぷんがエネルギー源として活用されると同時に，食物繊維補給源として，さらにはビフィズス菌増殖因子として，生体調節に関与する特徴をもつものである．しかし実際の調理上では，糖類は雑豆を可食化する過程で

表3.2　雑豆中の食物繊維

種　　類	炭水化物に対する総食物繊維比 TDF/C（％）	総食物繊維に対する不溶性食物繊維比 ISDF/TDF（％）
ア　ズ　キ	30.3	93.3
インゲンマメ	33.4	82.9
エ ン ド ウ	28.8	93.1
サ　サ　ゲ	33.5	92.9
ソ ラ マ メ	16.6	86.0
タケアズキ	35.1	95.4
ヒヨコマメ	40.4	—
ベニバナインゲン	43.6	95.5
リョクトウ	24.6	—
レンズマメ	27.9	93.6

注）TDF：総食物繊維，C：炭水化物，ISDF：不溶性食物繊維．
　　表2.3より算出．

溶出流亡するので、ビフィズス菌増殖効果は期待できず、食物繊維による整腸効果を活用することになろう。

2) たんぱく質

雑豆全成分の17〜26%を占めるたんぱく質は、煮豆やあんの製造上重要な役割を果たしているが、先の成分組成でも示したように、良質のたんぱく源となっている。すなわち、必須アミノ酸量から考察してみると、アミノ酸総量に対し、必須アミノ酸合計量は、おおむね35〜40%を占めており、小麦粉の26%よりかなり高い。また、小麦粉や精白米のそれぞれの必須アミノ酸量と比較してみても、いずれの雑豆類も2〜3倍の高い含量を示しており、特にリジンは、小麦粉の5.9〜8.2倍、精白米の5.2〜7.2倍もの高い値である。このようなことから、雑豆類は食生活上重要な植物性たんぱく質の給源とされているものである。

3) 脂　　質

雑豆類の脂質は、ヒヨコマメが5%程度含むほかは、いずれも1.3〜2.3%と少なく、栄養上特に問題にはならない。しかし構成脂肪酸をみると、成分組成の項の表2.6に示したように、必須脂肪酸であるリノール酸、リノレン酸が比較的多く、両者の合計量が少ないアズキでも、脂質に対して25%、ササゲでは37%を占めている。

4) 無機成分とビタミン類

無機成分については、表2.1の灰分や表2.8の各成分（いずれも成分組成の項）に見られるように、小麦粉や精白米の10倍ないしそれ以上を含んでいるが、表3.3に示す乾燥全粒とゆでたものの対比で示されるとおり、可食状態では水分を含むことと加工過程における流失により、かなり減少することになる。また、雑豆類はビタミンB_1、B_2、ナイアシンなどの給源ともなるが、無機成分の場合と同様、可食状態ではかなりの減少が認められている。

表3.3 雑豆類の加工による成分変化

種類		水分	無機質					ビタミン				ナイアシン
			Ca	P	Fe	Na	K	カロテン	A効力	B_1	B_2	
		g	mg					μg	IU	mg		
アズキ	全粒	15.5	75	350	5.4	1	1500	7	0	0.45	0.16	2.2
	ゆで	64.8	30	100	1.7	1	460	0	0	0.15	0.06	0
インゲンマメ	全粒	16.5	130	400	6.0	1	1500	12	0	0.50	0.20	2.0
	ゆで	64.3	60	150	2.0	0	470	0	0	0.18	0.08	0.6
エンドウ	全粒	13.4	65	360	5.0	1	870	240	130	0.72	0.15	2.5
	ゆで	63.8	28	65	2.2	1	260	110	60	0.27	0.06	0.8
ササゲ	全粒	15.5	75	400	5.6	1	1400	12	0	0.50	0.10	2.5
	ゆで	63.9	32	150	2.6	0	400	6	0	0.20	0.05	0.6
ベニバナインゲン	全粒	15.4	80	430	5.4	1	1700	0	0	0.67	0.15	2.5
	ゆで	69.7	28	150	1.6	1	440	0	0	0.14	0.05	0.4
ヒヨコマメ	全粒	10.4	100	270	2.6	17	1200	38	21	0.37	0.15	1.5
	ゆで	59.6	45	120	1.2	5	350	17	0	0.16	0.07	0.4
リョクトウ	全粒	10.8	100	320	5.9	0	1300	220	120	0.70	0.22	2.1
	ゆで	66.0	32	75	2.2	1	320	85	47	0.19	0.06	0.4
ダイズ	国産全粒	12.5	240	580	9.4	1	1900	12	0	0.83	0.30	2.2
	ゆで	63.5	70	190	2.0	1	570	6	0	0.22	0.09	0.5

注) 四訂日本食品標準成分表および五訂日本食品標準成分表［新規食品編］による．

5) その他特殊成分

無機塩やたんぱく質と結合しているフィチン酸をはじめ，アントシアン，カテキン，タンニンなどのポリフェノール類やサポニンなど，雑豆中には各種の特殊成分があり，風味付与，着色など雑豆利用上いろいろな機能を持っているが，現在ではさらに生理学的機能も解明され，栄養学上すぐれた効果も認められつつあるが，これらについてはⅢ-2編の「ダイズの生理機能」を参照されたい．

（早川幸男）

3.2 生理的有害成分

マメ類は世界中で栽培されており，その品種も多く，また人間の

食生活に対する寄与も高い食品の一つであろう．でんぷん，たんぱく質および油脂類など一般栄養素に関しては栄養の項で述べられているので，ここではマメ類に含まれている特殊生理活性物質および動物が食料あるいは飼料として利用する場合，摂取する動物の健康に悪影響を及ぼす毒性成分を取り上げて解説する．なお，主にたんぱく質を利用するダイズとラッカセイについてはIII-2編で述べる．

特に最近では各種食料に含まれている特殊生理活性物質に関する研究が進み，多くの知見が集積されつつあるので，この面からマメ類の特徴を見ることとした．また現在，一般には調理操作を食べ物をおいしくする操作と認識しているが，原始時代から今日まで，人類が食料を入手するために一番努力してきたことは，それら食料に含まれている毒性物質をどのようにして除去し安全な食べ物として利用するかの工夫であったと，アメリカの Dr. E. Hoff および Dr. J. Janick は言っている．

現在では一般に解毒のための調理が忘れられ，栄養価の増進および食味の向上の点のみが強調されているが，マメ類を我々がなぜ生で食べないかと考える時，この毒物をいかにして除くかという問題を忘れてはならない．

ここでは上記のように，主にマメ類のマイナス効果を示す諸成分について記す．しかし，マメ類には有効成分が含まれていないわけではなく，プラス効果を示す成分についてはIII-2編の「ダイズの生理機能」の項でふれる（例えばサポニン，色素成分）．

1）青酸配糖体

インゲンマメ属のアオイマメ（*Phaseolus lunatus*）にはファゼオルナチンと呼ばれる青酸配糖体（シアン化合物）が含まれている．この豆はリマを首都とするペルーを原産国とするため lima bean（ライママメ）とも呼ばれ，アフリカ，インド，ビルマ（現在のミャンマー）などの国々で盛んに栽培されている．わが国ではビルマから製あん原料として大量に輸入されることから「ビルマ豆」とも呼ばれ，

また白色，黒色，赤褐色，褐色などの各種の色をしていることから「五色豆(ゴシキマメ)」とも呼ばれている．この豆は単に製あん原料としてだけではなく，家畜の飼料や煮豆の原料としても利用されている．

ファゼオルナチンはキャッサバイモにも含まれ，リナマリンと呼ばれるのが一般である．

キャッサバイモもアオイマメも共に植物組織にはこのものを加水分解する酵素リナマラーゼが含まれているため，イモあるいは豆の組織を磨砕したり，切断したりした場合，ファゼオルナチンがこの酵素の作用で分解され，青酸を遊離する．また煮豆などでは，このものがそのままの形で体内に取り込まれ，消化管内で腸内細菌の作用で青酸を遊離し，毒性を呈する場合もある．この豆を飼料として利用した場合に牛馬の斃死(へいし)事件が度々おこっており，また乳牛の飼料として豆のゆでたものを用いて致死させた事件などが報道されている．

青酸は生体に吸収された場合，中枢神経の刺激と麻痺を同時に起こし，また血液中の酸化還元作用を失わせて死を招く呼吸毒として知られ，青酸としての致死量は 0.05g と言われている．一般にこの種の豆にはファゼオルナチンが青酸として 0.05〜0.27％含まれているとされているが，中央アメリカで生産されている黒色小型種には 0.4％も含まれ，頻繁に中毒の原因となることが報告されている．しかし白色種の毒性は一般に弱く，種類により青酸配糖体含量にはかなりの差がある．

現在このように毒性のある豆のため，厚生省では「豆類の成分規格」を設けているが，バター豆，ホワイト豆，サルタニ豆，サルタピア豆，ペギア豆およびライマ豆（名称の表記は規格による）の場合，シアン化水素（HCN）として 50mg％（500ppm）以下の場合には輸入および加工原料としての使用が許可されている．ただし「生あんの成分規格」によって，生あんには青酸が検出されてはならないこととされているので，これら原料を用いて生あんを製造する場合に

は，水洗いによって青酸を完全に除去する必要がある．

　なお，インゲンマメ，エンドウおよびソラマメにもこの配糖体の存在していることが報告されているが，その含量は少ないので特別な注意は必要なかろう．

2) ソラマメの中毒

　ソラマメの食経験は古く，古代ギリシア時代にまで遡ることができる．それに伴ってソラマメ中毒の歴史も古く，ピタゴラスがその弟子にソラマメを食べることを禁じたという有名な話がある．ソラマメに含まれている毒性物質はバイシン (vicine) およびコンバイシン (convicine) によるもので，この両者はグルコースがβ結合した配糖体として存在している．これらに腸内細菌がもっているβ-グルコシダーゼが働くと，ダイバイシンおよびイソウラシルに変化する．ソラマメ中毒では，症状として発熱，血尿，黄疸などを生じ，グルコース-6-リン酸脱水素酵素活性の低下，血球グルタチオン濃度の低下が起こり，血液の溶血性が高くなることが知られている．このような作用も現在のところはっきりとはしていないが，配糖体としてのバイシンあるいはコンバイシンによるよりは，グルコースが外されたダイバイシンおよびイソウラシルの作用と考えられている．ソラマメを多食する地中海沿岸各地，北アフリカ，中央アジア各地ではよくこの中毒が起こりソラマメ中毒症 (favism) として知られているが，わが国ではあまり発症の報告がない．恐らく品種によるバイシンなどの含有量の差異によるものであろう．

3) 血液凝集作用物質

　マメ科植物の種子には血液凝集作用成分を含むものが多い．この凝集素はある種の糖たんぱく質でレクチンと総称されている．特にインゲンマメのファシン，ナタマメのコンカナバリンA，トウアズキのアブリン，ダイズのSBA (soybean agglutinin) がよく知られている．このレクチンを含むマメ類を生のまま食べると腸粘膜に炎症を生じ，出血性胃腸炎を生じたり，肝臓の脂肪変性，心臓変性，

痙攣（けいれん）などの症状が出る場合がある．レクチンは，ヒト，ウサギなどの赤血球を凝集させるが，ウシ，ヒツジの血球に対しては凝集性をもたない．レクチンの作用は加熱15分程度で消失するので，加熱調理した食品の場合には問題はない．

（福場博保）

あんを使ったもち

ぼたもち（おはぎ）は春秋の彼岸によく食べられます．うるち米ともち米を混ぜて炊き，すりこ木で搗（つ）いたものを丸めて小豆あんで包みます．時にきなこをまぶす場合もあります．うるち米は搗いても米粒が残るのでハンゴロシと呼ばれることもあります．

若狭（わかさ）地方には，もち米とサトイモを一緒に炊き，すりこ木で搗いて丸めたものを小豆あんで包んだり，きなこをまぶしたりして食べる「いもぼたもち」があります．

1月11日の鏡開きに食べる汁粉（しるこ）は，小豆あんを適当な濃度にゆるめて煮立て，鏡餅を入れたものです．こしあんで作ったものを「御膳（ごぜん）汁粉」，つぶしあんで作ったものを「田舎（いなか）汁粉」といいますが，田舎汁粉のことを京阪地方では「ぜんざい」と呼びます．

正月の雑煮（ぞうに）にも各地域ごとに特徴があり，山陰地方ではアズキ仕立てにしている所があったり，四国の香川県や九州地方の一部では雑煮に入れるもちの中に小豆あんを入れるなど，雑煮にアズキを取り入れる風習がみられます．

宮崎県に伝わる「つき入れもち」は，アズキの煮たものに米粉，もち米粉，塩を混ぜて蒸し，黒蜜をかけて食べるものです．

変わったところでは，すしにあんを用いたものがあります．山口県の一部には祭りの時に「あんこずし」を食べる習慣があり，これはすし飯の芯にあんを入れ，上に卵焼き，シイタケの甘煮などをあしらった押しずしです．

（一部『伝えてゆきたい家庭の郷土料理』（婦人の友社）より引用）

4. 調理への利用

でんぷん含量の高い豆類にはアズキ類，インゲンマメ，ベニバナインゲン，エンドウ，ソラマメなどがあり，煮豆，煎り豆，揚げ豆，強飯(こわめし)および豆ご飯，甘納豆(あまなっとう)に用いられる．さらにあんに加工され，羊かん，汁粉(しるこ)，ぜんざい，まんじゅうや団子(だんご)に利用される．

4.1 煮豆類

乾燥豆を洗浄・浸水処理後，加熱・調味した豆料理である．煮豆は古くから，家庭料理の代表的なものとして作られてきたが，近年は真空包装殺菌技術の開発などにより保存性がさらに向上し，商品化されるようになった．

煮豆はしわ寄り，皮むけ，腹切れ，胴割れが問題となり，それらは品質に影響を与える．煮豆のおいしさは，口に含むと風味・甘味が広がり，軟らかいことである．したがって煮豆の調理上の留意点は豆の形を崩さず，しかも軟らかく，調味料が浸透していることにある．

煮豆の一般的調理法は，浸水処理（5～6時間）または熱水浸漬処理(2時間)，煮熟(しゃじゅく)，調味料添加，煮汁浸漬，調味料浸透の過程から成り立っているが，それらの適否が品質に影響を与える．さらに製品の品質は原料豆の品質や貯蔵条件によっても影響され，高温高湿で貯蔵した豆は煮熟性が劣る．

一般に加熱前の浸水処理は煮熟性を高める．煮熟性の向上には食塩や重曹(じゅうそう)の添加が有効なこともあるが，使用量によっては風味の低下や色調の劣化を招くこともあるので注意する．

煮熟過程で煮汁中の調味料濃度が急激に上昇すると製品が硬くなることがあり，煮熟中の火力は中火以下にする．圧力鍋利用による煮熟は常圧煮熟よりも加熱時間が短縮され，煮豆の甘味が強く，口

ざわりもねっとりとしたものとなる．さらに，加熱初期から調味料を加えることも行われ，この場合には煮豆は軟らかく，嗜好性が向上するとされる．

煮熟過程における調味料濃度の上昇は煮豆を硬化するとされているが，このことは浸透圧現象により豆から水分が煮汁の方に移動し，豆の組織が急激に収縮したことによる．このような調味料による煮熟豆の硬化を防止するには次のような方法がある．すなわち，①浸水処理後最初から調味料を加えて加熱する，②煮熟豆の味付けは調味液浸漬処理により行う，③調味料は2～3回に分けて入れるなど様々な工夫が行われている．水煮した豆を調味液に浸漬し，その濃度を徐々に上昇させて，豆に糖を徐々に浸透させると豆はほとんど硬くならない．ただし，佃煮のような甘味の強い煮豆の場合には，水煮した豆を低濃度の調味液で煮含ませてからとりだし，調味液を煮詰め再び豆を入れて調味料を浸透させる．このような操作を繰り返して次第に高濃度の味付けにする．つまり，煮豆の味付けの原理は，煮物が一般に煮熟によって味付けするのに対し，糖濃度を上昇させながら煮汁に浸漬し調味液を浸透させるものである．インゲンマメの場合，中里らは豆を熱湯中に入れて2時間浸漬処理後に，はじめから砂糖と塩を加えて約60分間煮熟する方法が適切であったと報告している．

甘納豆はまず煮豆（アズキ，インゲンマメ，エンドウ，ソラマメなど）を作り，さらに高濃度のショ糖液に浸漬し，豆に糖を浸透後，精製糖をまぶし乾燥させたものであり，その品質に要求される条件は煮豆の場合と同様である．なお，ぬれ甘納豆は表面に砂糖をまぶしていないものである．以下に煮豆類の代表的なものを挙げる．

1) いとこ煮（従兄弟煮）

アズキとカボチャまたはサツマイモなど甘味の野菜類を組み合わせて煮含めたものである．アズキを軟らかく煮てから砂糖と塩を加え，一口大に切ったカボチャなどを入れ，中火で加熱する．冬至の

日にこれを食べると 1 年間無病息災で過ごせると伝えられている．正月，盆，収穫祭などの年中行事や祭礼に食べる御事煮(おことに)に由来するとされている．神にお供えした野菜を下げ，まずアズキを煮てから他の材料を順に加えて煮込んだところから「追い追い煮る」，「めいめい入れる」を甥や姪にかけて従兄弟煮と称したとも，また組み合わせる素材が煮(似)たもの同士というところからこの名がついたともいわれる．

(材料 4 人分：アズキ 1 カップ，カボチャ 400g，砂糖 2/3 カップ，水 4〜6 カップ，塩 少々)

2) 花豆の甘煮

花豆(ベニバナインゲン)を 3〜4 倍の水に一晩浸漬処理後(古豆の場合は重曹を加える)，漬け汁ごと加熱し，沸騰したらゆで汁を捨て，湯を豆の 2〜3cm 上まで加え，ふたをして約 1〜2 時間弱火で加熱し，豆が軟らかくなったら砂糖，醤油，塩を加え 5〜10 分間加熱後火を止め，調味料を浸透させる．味の薄い場合，また煮汁の多い場合は煮汁だけ取り分け，煮詰め，豆を煮汁に浸漬する．

(材料 4 人分：乾燥花豆 2 カップ，水 2 カップ，砂糖 150〜200g，醤油 大サジ 1，塩 少量)
(古豆の場合：重曹 小サジ 1/2)

3) きんとん

インゲンマメを甘く煮て，一部を裏ごしして粒状の甘煮豆と混ぜたものである．クリ，サツマイモ，ヤマイモ，ユリ根などからも作られ，正月の口取りに用いられる．

4) うぐいす豆

青エンドウの甘煮であり，ウグイスの羽色のような黄緑色に仕上げることからこの名があると言われる．

①豆の 3〜4 倍量の水に塩を混ぜ，洗浄豆を入れて一晩浸水処理する．

②漬け汁ごと加熱し沸騰させて，煮汁を捨てる．新たに湯を豆の

2〜3 cm 上まで入れて，ふたをして加熱する．沸騰したら弱火にして 20〜30 分間，豆が充分軟らかくなるまで加熱する．

　③豆が隠れる位に煮汁量を調整し，砂糖，塩を加えて弱火で約 10 分加熱し，そのまま冷却して調味料を浸透させる．

（材料 4 人分：青エンドウ 2 カップ，塩 小サジ 1，グラニュー糖 200〜250g，塩 少量）

5）お多福豆

ソラマメの煮豆のことであり，大粒の乾燥ソラマメを浸水処理後種皮つきのまま甘煮にしたものであり，黒砂糖などで黒く仕上げたものもある．

　①豆の 3〜4 倍量の水に重曹を溶かし，洗浄豆を入れて一晩浸水処理する．

　②漬け汁ごと加熱し，沸騰したら煮汁を捨てる．新たに湯を豆の 2〜3 cm 上まで入れて，ふたをして加熱処理する．沸騰したら弱火にして約 40 分間，差し水をしながら軟らかくなるまで加熱した後，汁気をきる．

　③水に砂糖，塩を煮溶かして煮熟豆を入れ，約 10 分間加熱し火を止め，そのまま調味料を浸透させる．

（材料 4 人分：乾燥ソラマメ 2 カップ，重曹 小サジ 1，水 2 カップ，砂糖 150〜180g，塩 少量）

6）富貴豆

乾燥ソラマメを浸水処理し，生の状態にもどした後，甘煮にしたものである．一晩水に浸漬処理した大粒種のソラマメを，重曹を加えた湯でゆで，放冷する．充分水洗した後種皮を除き，砂糖を加えてべっこう色になるまで加熱する．お多福豆と異なり，種皮除去後に煮るので調理しやすい．「ふうきまめ」，「ふっきまめ」，「べっこう豆」ともいう．

7）ひすい豆

未熟ソラマメを半透明の緑色の翡翠のように仕上げたきれいな煮

豆である．莢つきのソラマメから豆を取り出し，熱湯でやや硬めにゆでて，種皮を取り除く．鍋に砂糖，塩，水を入れ加熱し沸騰させた後，加熱を停止し，ゆでたソラマメを入れ，そのまま冷めるまで放置し調味料を浸透させる．

(材料：莢つきソラマメ 350g＝豆として 100g，砂糖 大サジ4，塩 小サジ 1/3，水 大サジ6)

8) ポークビーンズ

インゲンマメと豚肉の煮込み料理（アメリカ料理）である．豆は予め浸水処理後3〜5倍の水で硬めにゆでておく．さいの目切りタマネギ，みじん切りニンニク，1cm角切りの豚肉を油炒めにした後，水を加えて煮立て，ケチャップ，トマトピューレ，塩・コショウを加え，途中でアクを取りながらゆっくり煮，さらに豆とオールスパイスを加えて煮込んだものである．

(材料4人分：乾燥インゲンマメ 1カップ，豆の煮汁 1カップ，シチュー用豚肉 200〜300g，小麦粉 大サジ1，油 大サジ 1 1/2，タマネギ 1個，ニンニク 1片，トマトピューレ 2/3カップ，トマトケチャップ 1/4カップ，スープ 3カップ，オールスパイス 少々，塩・コショウ 少々)

9) チリコンカン（メキシコ料理）

赤インゲンマメ（金時，鶉など）を一晩浸水処理後，硬めにゆでる．鍋にサラダ油を熱し，みじん切りのニンニク・タマネギ，チリパウダーを入れて中火で充分に炒めた後，ひき肉を入れてさらによく炒める．皮を湯むきし，ざく切りにしたトマトとゆでた豆，水と調味料を加えて弱火で30分〜1時間煮込む．

(材料4人分：豆 1カップ，牛ひき肉 200〜300g，タマネギ 1個，ニンニク 1片，水またはスープトック 1〜2カップ，チリパウダー 大サジ1〜2，トマト 中2個，塩 小サジ1，コショウ 少々，その他香草)

4.2 煎 り 豆

エンドウ，ソラマメなどが用いられる．

1) 塩　　　豆

主にエンドウやソラマメに塩を加えて煎ったものである．エンドウの場合は塩エンドウとも言われる．食塩に水を少量加えて沸騰させ煮詰めた後，豆を入れ，かき混ぜながら豆の表面に軽く塩が吹くまで煎りつけ，広げて乾かしたものである．

2) 醬 油 豆

讃岐(さぬき)の郷土料理で，煎り豆を調味液に浸漬した保存食の一つである．ソラマメをほうろくでゆっくりよく炒め，熱いうちに塩水または水につけて豆を軟らかくする．豆が軟らかくなったら砂糖，醬油，トウガラシなどを沸騰させた調味液に浸漬しておく．

4.3 フライドビーンズ

油で揚げたソラマメに塩をまぶしたもので，ビールや酒のつまみによい．油で揚げる時，豆が破裂しないように予め豆の黒いすじのある方の反対側の種皮に縦に包丁を入れておく．170℃に熱した油に入れて，豆が浮き，切り口がはじけ，少し焦げ目がつく程度に揚げ，熱いうちに塩を振りかける．

4.4 強飯および豆ご飯

1) 赤　　　飯

アズキのゆで汁を用いてもち米を染色し，ゆで豆と混ぜて蒸した色付き強飯である．おこわともいわれる．赤飯はわが国で古来，赤米を食べていた遺風とされ，昔は年中行事，人生儀礼や婚礼などの"ハレの日"の食物として意義づけられていた．赤飯調理の留意点は風味良く，ゆで汁の色を美しく仕上げ，アズキに胴割れがないことである．

アズキに約7倍量の水を加え，沸騰したら一度ゆで汁を捨て（渋切り処理），再度同量の水を加えて15分加熱してゆで汁を取り，急激に冷ますと透明で鮮麗な汁が得られる．その汁に洗浄したもち米を約2時間浸漬する．八分通り軟らかくゆでたアズキともち米を混ぜて蒸す．浸漬液を振り水として用いると鮮麗な赤色の赤飯が得られる．アズキの代わりにインゲンマメの金時を用いると胴割れは少ない．

(材料 4 人分：アズキ 1/2 カップ，もち米 3 カップ，豆のゆで汁 400〜500cc，ごま塩 少量)

2) 小豆飯

赤飯の代用として，うるち米にアズキを炊き込んだものであるが，これも赤飯同様，年中行事などに用いられている．アズキのゆで汁の取り方およびアズキの煮方は赤飯と同じである．アズキのゆで汁に水を加えて炊き水を調製し，アズキを混ぜて普通のご飯と同様に炊く．

3) 小豆がゆ

アズキをゆでた汁でうるち米とアズキを共に煮たかゆのことであり，正月15日（小正月）に食べられ，この日は小豆がゆの祝いともいわれた．普通，小豆がゆは塩味で食べられるが，地方によってその食べ方が異なり，砂糖を加えたり，切りもちを加えたりする．また，軟らかく煮たアズキをおかゆのできる約10分前に加えたり，炊き上がる直前にアズキと適量のアズキ煮汁を加えるなどの方法もとられる．

(材料 4 人分：うるち米 1/2〜1 カップ，水 約5カップ，アズキ 1/2 カップ，塩 小サジ 1/2〜1)

4) エンドウ飯およびソラマメご飯

莢つきのエンドウやソラマメから取り出した豆を，洗浄したコメと混ぜて，適量の塩を加えて炊いた塩味の豆ご飯である．また，豆の色調を良くするために，豆を予め軟らかくゆでておき，炊き上が

った飯に混ぜることもあるが，風味がやや劣る．

4.5 汁　　物

1) ソラマメのすり流し汁

　ソラマメを軟らかくゆでてすりつぶし，だし汁でのばしたもので，硬いマメ類を消化よく栄養的に利用でき，淡緑色の色がさわやかな汁物である．ソラマメを塩ゆでし薄皮をとり，すり鉢やミキサーで磨砕(まさい)し，だし汁に醬油，塩で味付けし，片栗粉(かたくりこ)でとろみをつけ，すりつぶしたソラマメを入れ一煮立ちさせる．吸い口に芽ジソが合う．

　(材料 4 人分：莢つきソラマメ　700g＝豆として　200g，だし汁　4 カップ，塩　小サジ 1，醬油　小サジ 1，片栗粉　大サジ 2)

2) ソラマメおよびグリーンピースのポタージュ

　豆を塩ゆでし，裏ごし後，牛乳とスープストックでのばしたスープであり，つなぎに小麦粉（ホワイトルー）を用いる．仕上げに生クリームを適量加え，クルトンを浮かす．

　(材料 4 人分：豆 150g，小麦粉・バター　各 20g，牛乳・スープストック　各 360cc，塩，コショウ，生クリーム)

　その他，和(あ)え物，サラダ（紫花豆のサラダなど）にも利用される．

（畑井朝子）

III-2 主にたんぱく質を利用する豆

1. 食への用途

1.1 ダイズの利用

1) ダイズ利用の概要

　古来ダイズは中国，朝鮮半島および日本を中心とする東アジア地域でいろいろな食品に加工されて日常的な食べ物として利用されてきた．これはダイズの原産地が中国であることと，ダイズの組織が硬くて簡単な調理では食べにくく，長い歴史の中の試行錯誤で，おいしくて消化のよい食品が考え出され，定着したためと考えられる．そしてそれぞれの地域の気候，風土の条件で多少の違いはあるものの，基本的には共通した加工方法が用いられている．いわゆる伝統食品として今日わが国で作られている大豆食品には豆腐・油揚げ類のほか味噌，醬油，納豆類がある．これらの食品には中国から伝来したといわれるものが多いことからも，東アジア諸国でわが国の大豆食品に似たものが昔から食用に供されてきたことは間違いない．

　それでは共通した加工方法とはどういうものであるかといえば，その一つはダイズに含まれるたんぱく質を取り出して食品にする方法であり，他の一つはダイズを微生物を使って加工する方法である．わが国では前者は豆腐製造に用いられ，後者は味噌，醬油，納豆に用いられている．豆腐では，まずダイズ中のたんぱく質を油と共に豆乳の形で溶かし出し，これに凝固剤を加えてたんぱく質を油と一緒に凝固させ，成型したものである．豆腐は消化率の高い食品である．一方，ダイズをいったん蒸煮した後これに微生物，例えば納

豆菌の胞子を加えて保温し，発芽，繁殖させて納豆が出来る．このものはダイズの組織が軟化し，消化酵素が生産されるため消化のよいものとなっている．味噌，醤油では麴菌（こうじきん）が用いられ，熟成中に麴菌酵素が作用し，さらに酵母，乳酸菌などの繁殖により成分の溶解が進み，風味もよくなる．中国や韓国でも豆腐や微生物を用いる大豆食品は広く作られているが，作り方に多少の違い，あるいは微生物の種類の違いなどがあり，したがって最終製品の状態，色，味，香りにはかなり差がある．

このように，わが国におけるダイズの利用加工は消化率を向上させることの他に風味をよくすることがある．本来ダイズには青臭味（あおくさみ）があり，加熱しても十分除かれず，蒸煮によりさらに別の風味を生ずる．たんぱく質の分離や微生物の利用はこの種の風味の問題を解決する上にも役立っている．

わが国における食品用ダイズの用途別使用量を年度別にみると表1.1のとおりである．このうち最も多いのは豆腐・油揚げ用で年間約50万tに達する．また醤油用が少ないのは主に脱脂ダイズ（約17万t）が用いられているためであるが，最近風味などの点から丸ダイズの使用量が増えている．納豆用のダイズの量は年を追って増えていることが注目される．「その他」の中にはゆば，煮豆，もやしなどが含まれる．

表1.1 食品用ダイズの用途別使用量（単位1,000 t）

用途 年(平成)	計	内訳						その他		
		味噌	醤油	豆腐・油揚げ	納豆	凍り豆腐	豆乳	煮豆・総菜	きなこ	その他
10年	1,046	162	26	495	128	30	4	33	16	152
11年	1,017	166	30	492	127	29	6	33	17	117
12年	1,010	166	30	492	122	29	7	33	17	114
13年	1,015	149	32	492	129	29	9	33	17	125
14年	1,035	149	35	494	141	29	11	33	17	126
15年	1,039	147	34	494	137	30	19	33	17	128
16年(見込)	1,045	147	34	494	137	30	23	33	17	130

注：味噌，醤油は消費流通課，その他のものについては食品産業振興課推計．
　醤油の主原料は脱脂大豆で，この中に含まれない．

本書では豆腐，豆腐加工品および納豆を主に取り上げ，味噌，醬油は簡単に触れることとする．しかし，これらの他に，わが国にはきなこ（黄粉），豆乳，ゆば（湯葉），もやしなどの大豆食品があるので，重複とならない限りこれらについても若干記述し，また脱脂ダイズを利用する新たんぱく食品についても説明する．

2) 豆 腐 類

わが国で豆腐が中国から伝えられたのは奈良時代から平安時代の頃といわれている．しかし豆腐が普及し始めたのは鎌倉時代以後で，一般庶民の食卓に上るようになったのは江戸時代である．この頃には豆腐を料理する人々が増え，豆腐料理の店が出来，また豆腐料理100種を収録した『豆腐百珍』（1782年）が刊行されている．

表1.1で明らかなように，豆腐・油揚げ類に用いられるダイズの量は大豆食品の中で最も多いが，その大部分はアメリカなどからの輸入ダイズである．国産ダイズによる豆腐は風味，収量共によい

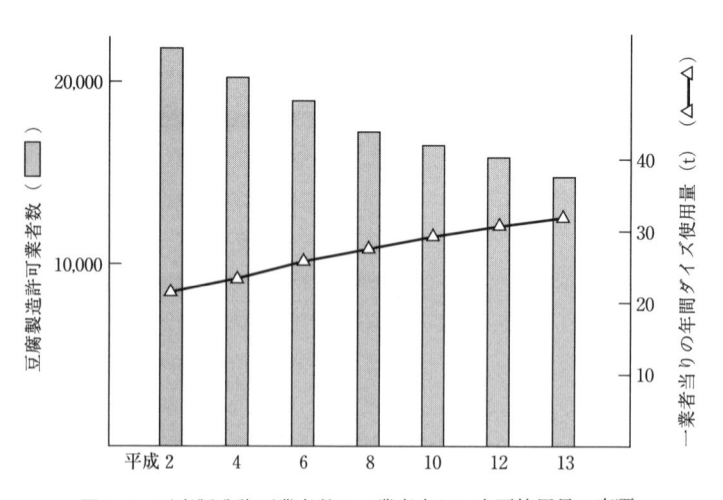

図1.1 豆腐製造許可業者数と一業者当りの大豆使用量の変遷

といわれているが, 品種が多いため品質のふれが大きい上に価格が高く, 使用量は伸び悩んでいる.

豆腐製造の規模は元来は小さいものの設備, 器械の省力化, 自動化で規模拡大が進んでいる. 年間ダイズ使用量はほぼ一定しているのに業者数が減り, 一業者当りのダイズ使用量が増えているのはこのことを裏付けている (図1.1).

① 豆腐の種類と作り方

豆腐には大きく分けて, もめん(木綿)豆腐ときぬ(絹)ごし豆腐とあるが, 最近は充填豆腐(じゅうてん)が市販されている. また, もめん, きぬごしの中間ともいうべきソフト豆腐も地域によっては作られている. これら豆腐はそれぞれ舌ざわり, 滑らかさ, あるいは表面, 断面の外観の違いとしてはっきり区別される. そして, その違いは豆乳の濃さとこれに凝固剤を加えて固める方法によるのである.

豆腐製造の基本はダイズから豆乳製造と, 豆乳から豆腐製造に分かれる. まず豆乳製造は次の工程に従って行われる.

$\boxed{ダイズ}$ → 水浸漬 → 磨砕(水挽き) → 加水加熱 → 沪過 → $\boxed{豆乳}$

ダイズは精選後, 一晩水に浸漬すると水を吸って重量で2.2～2.3倍となる. これを磨砕機(まさいき)(小規模工場では石臼(いしうす)を使う所もある)で注水しながら粉砕する. この操作を水挽きといい, 乾式粉砕に比べて省エネルギーなので豆の粉砕に広く行われる方法である. 磨砕物は呉(ご)と呼ぶが, 次にこれにある程度の水を加えて加熱する. 加熱は地釜(じがま)で煮る所もあるが多くの場合, 蒸煮釜(じょうしゃがま)に蒸気を吹き込む方法による. 加える水の量は最終的に沪過で得られる豆乳の固形分濃度をどの位にするかで決める. 濃度の濃い豆乳はきぬごし, 充填豆腐向けで, もめん豆腐にはもっとうすい豆乳を用いる. ダイズに加わる水の量は, もめん豆腐でダイズの10倍, きぬごし豆腐で6～7倍, 充填豆腐で7～8倍程度とする.

加熱を終わった磨砕物を沪過するには布袋に入れて圧搾, 沪過す

る方法もあるが、最近は回転する金属製の孔あきロールを通して内側から豆乳を得る方法が広く用いられ、これによると連続操作ができるので沪過効率がよい。このほかに遠心分離機も用いられる。沪過によって豆乳とおからが得られる。おからはダイズ1に対し1.3内外で、水分が80％以上残っており、変敗しやすいので乾燥したり、pHを下げて保存性を持たせる必要がある。食用に供される割合は低く、大部分が直接あるいは発酵後家畜飼料か肥料に用いられ、中には焼却されたり、生ゴミとして廃棄されているものもある。今後有効利用をはかる必要があろう。

豆腐は包装容器に表示を行うことが義務づけられており、その内容は、品名、原材料名、量目（内容量）、消費期限、保存方法、製造者名となっている。保存期間の長い充塡豆腐では賞味期限とする。

② もめん豆腐

もめん豆腐用の豆乳は沪過後桶（おけ）に移し、温度があまり下がらないうち（70〜80℃）に凝固剤を加えて撹拌（かくはん）し、豆乳とよく混ざるようにする。凝固剤は硫酸カルシウム（$CaSO_4・2H_2O$）が多く用いられ（ダイズの5〜6％）、予め少量の水に懸濁させて加える。上澄みが澄んだらこれを除き、凝固物を杓子（しゃくし）を使って孔のあいた型箱に移す。型箱には予め布を敷いておき、凝固物を移し終わったら上に竹簀（たけす）をおいて重石により脱水する。重石を除き、型箱を水槽に移して孔からの水圧により凝固物を押し出し、側面の溝に沿って包丁を入れ、水槽中で流水により冷却し製品とする。ダイズ10kgに対し水分87％内外のもめん豆腐が45kg内外得られる。なお、凝固剤として塩化マグネシウムまたは海水から得られる「にがり」を用いることもある。

もめん豆腐は豆乳濃度が低いために凝固物が多少こわされることと、凝固物を何回かに分けて型箱に移すため外観、断面は必ずしも均一ではなく、空隙があったり、細かい凝固物が分離していることがある。また、もめん豆腐の名は型箱の内側においた布の織り目

（布目）がそのまま豆腐に着くことによるもので，布目の出ないきぬごし豆腐と区別するためのものといわれている．

③ きぬごし豆腐

きぬごし豆腐は前述したように豆乳濃度を高め，凝固剤により豆乳全体をゲル状に固めたものである．固形分濃度10％内外の豆乳を70℃位で，きぬごし用の型箱中に凝固剤（硫酸カルシウム懸濁液）と一緒に注ぎ込む．型箱は底の中央に栓付き孔を一つ具えており，予め金属板を底に敷いておく．型箱の保温に注意しながらしばらくおくと豆乳はゲル状となるので，型箱の内側に包丁を入れ，水槽中で底の孔から静かに水を入れると凝固物は水圧で押し出されるから，これを適当な大きさに切り，流水で冷却し，製品とする．

きぬごし豆腐は豆乳の大部分が豆腐となるから豆乳の収量が豆腐の収量となる．ダイズ10kgから6倍加水で得られる豆乳量は，おから量約13kgを差し引いた47kgで，これがきぬごし豆腐の収量ということになる．きぬごし豆腐は豆乳がゲル状に固まったものであるから外観，断面共に均一で，舌ざわりは滑らかである．きぬごしの名はもめん豆腐のように布目が着かないことから来ているが，絹のような滑らかな舌ざわりということもあろう．いずれにしても絹でこすということではない．

きぬごし豆腐は，以前は「にがり」を用いたが，凝固反応が硫酸カルシウムより早いためゲル状に固めることがむずかしく，経験を必要とした．その後，硫酸カルシウムが市販されるようになり広く普及した．硫酸カルシウムは水に溶けにくく，凝固反応は溶解の進行に伴ってゆっくり行われる結果ゲル化は円滑に進み，良質の製品ができるようになった．

近年きぬごし豆腐用凝固剤としてグルコノデルタラクトン（GDLと略称）が開発され，実用化されている．このものは水溶性であるが，常温では中性で，温度が上がると加水分解によりグルコン酸ができ，酸性となる．少量の水に溶かしたGDLを60～70℃の豆乳に

対して0.3〜0.5％程度加えて十分撹拌し，しばらくおくと豆乳全体がゲル化する．GDLは豆乳中でゆっくり加水分解してグルコン酸を生成するので硫酸カルシウム同様，豆乳を均一にゲル化させる．GDLは過剰に用いるとグルコン酸の酸味を感じるので注意が必要である．GDLは豆乳が均一に凝固する点で評価されているが，カルシウム塩に比べて風味がやや淡白なことと粘りが足りないため，最近は硫酸カルシウムと混用されている．そして，もめん豆腐にも一部で用いられる．

④ 充塡豆腐

充塡豆腐は第2次世界大戦後に開発されたものである．原理はきぬごし豆腐と似ており，濃いめの豆乳をいったん室温まで冷却し，ついで凝固剤と混合後，加熱してゲル状に固める．豆乳と凝固剤の混合物はプラスチック製角型容器に入れ，熱シールによりフィルムのふたをした上で熱水中で90℃，50分の加熱を行い，急速冷却して製品とする．充塡豆腐は凝固温度をきぬごし豆腐より高くできるので，同一濃度の豆乳ではきぬごし豆腐より堅い．

充塡豆腐は製品に直接手を触れないので他の豆腐に比べて衛生的である．また外部から微生物が侵入するおそれがなく，かつ90℃内外の加熱で病原菌は殺菌されている点でも衛生的である．完全殺菌はされていないが，冷蔵（5℃内外）では1週間程度の保存が可能である．

豆乳以後のもめん，きぬごし，充塡各豆腐の製造工程は図1.2に示すとおりである．

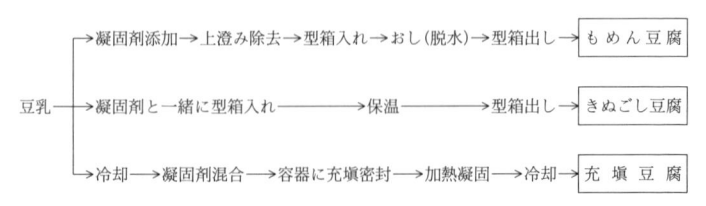

```
         ┌→凝固剤添加→上澄み除去→型箱入れ→おし(脱水)→型箱出し→│もめん豆腐│
         │
豆乳─────┼→凝固剤と一緒に型箱入れ────→保温────→型箱出し→│きぬごし豆腐│
         │
         └→冷却───→凝固剤混合→容器に充塡密封→加熱凝固──→冷却→│充 塡 豆 腐│
```

図1.2 豆乳以後の各豆腐の製造工程

1. 食への用途

⑤ ソフト豆腐・健民豆腐

　ソフト豆腐は，もめん豆腐ときぬごし豆腐の中間ともいうべきものである．もめん豆腐用の豆乳より高濃度で，きぬごしより低濃度のものを用い，これを桶の中でほぼきぬごし状に凝固させ，上澄みを除かずに杓子（しゃくし）を用いて静かにもめん豆腐用の箱型に移し，軽くおしをして製品とする．もめん豆腐ほど不均一でなく，きぬごし豆腐ほど軟らかすぎない豆腐である．健民豆腐は第2次世界大戦中に生まれたものであるが，その内容は必ずしも明確ではなく，昔から作られていたものを改めて見直すために名付けられたふしもある．従来，海水からとった「にがり」が凝固剤として使われていたのが，戦時中金属マグネシウムの確保のためと，硫酸カルシウムが凝固剤として十分使える上に日本人の栄養補給にも役立つことからカルシウム塩を用いた豆腐が作られ，これを健民豆腐と呼んだという説がある．一方，資源節約のため，おからを除かずに作った豆腐を健民豆腐と言ったともいわれる．この種の豆腐は以前から東北地方などで作られていたので必ずしも戦時中出来たものではない．また，本来の豆腐のような舌ざわりは具えていない．

⑥ その他の豆腐

　おぼろ豆腐，汲み豆腐：『豆腐百珍』で取り上げているが，豆乳ににがりを加えて凝固したものを型箱に入れず，上澄みと一緒に汁物などの食用に供するもので，滑らかな舌ざわりと甘味が魅力である．最近プラスチック容器に入れて市販されている．

　ゆし豆腐：沖縄特産の豆腐で，おぼろ豆腐とほぼ同じ方法で作られるが，凝固物はくずして用いる場合が多い．「五訂日本食品標準成分表」に新規食品として収載されている．

　堅豆腐（かたどうふ）：凝固物を型箱で十分おして水切りした堅い豆腐で，石川県，富山県下で今日でも作られている．この地方では磨砕ダイズを加水加熱してから沪過する一般的な方法の他に，磨砕ダイズを加水沪過してから加熱する方法（生しぼり）があり，地域によっていず

れかの方法で作られている．前記沖縄のゆし豆腐では沪過後加熱する方法を用いている所が多い．

⑦　凍り豆腐

　凍り豆腐はわが国独自の食品といわれており，その起源には関西における高野豆腐(こうや)と信州・東北地方の凍(し)み豆腐がある．いずれも豆腐がたまたま外気で凍結すると解凍後，外観，歯ごたえなど全く違ったものになり，しかも脱水しやすいため容易に乾燥でき，保存可能となったことから広く普及したものである．今日では天然の凍結による所はごく一部で，大部分は冷凍機を用いる大量生産である．しかし需要は伸びず，表 1.1 にみるように年間ダイズで 3 万 t 程度である．

　凍り豆腐製造の基本原理は，堅めに作った豆腐をいったん凍結させ，$-1 \sim -3°C$ 近辺で長期に保管し，水で解凍後，圧搾，脱水，火力で乾燥，製品とする．保管中に氷の結晶が成長し，たんぱく質は濃縮された形となって分子間の結合が進み，海綿状の組織を形成する結果，脱水が容易となる．

　凍り豆腐用の豆腐は凝固剤に塩化カルシウムを用い，出来た凝固物を細かく砕き，上澄みを十分除いてから型箱に移し，圧力をかけて脱水，成型したものを用いる．この豆腐の水分は普通の豆腐より数％少ない．一定の大きさに切断した後 $-10°C$ 前後で急速凍結を行う．凍結は大規模には半連続方式による．これを $-1 \sim -3°C$ の低温保管庫に約 3 週間おき，ついで散水による解凍を行い，脱水，乾燥して製品とするが，この工程も連続方式が普及している．なお膨軟(ぼうなん)加工といって，調理の際によくふくらんでソフトになるように，乾燥前にかん水（炭酸ナトリウムや炭酸カリウムなどの混合溶液）などに浸漬することが行われているが，これは以前用いられていたアンモニアガス処理が食品衛生上の問題があって中止され，代わって普及した方法である．

⑧　豆腐加工品

豆腐は家庭で簡単な調理で食卓に供されることが多いが，地域によっては種々加工して市販されているので，これらを簡単に説明することとする．

豆腐かまぼこ：秋田県下のもので，豆腐，白身魚のすり身，食塩，砂糖などを加えて練った上，成型，蒸したものである．時に魚のすり身を加えないことがある．

豆腐ちくわ：鳥取県下のもので，豆腐と白身魚のすり身を一般のちくわ同様に仕上げたものである．

つと豆腐：福島県田島地方の産物で，堅めに作った豆腐を細長く切り，これを平行に並べて簀(す)できつく巻き，ゆであげたものである．

六浄(ろくじょう)豆腐：山形県岩根沢地区のもので，型箱から出した堅めの豆腐の表面に食塩を塗って脱水を促し，そのあと火力あるいは天日で乾燥し，半乾燥状態（水分30〜40%）にしたものである．かつお節のようにうすく削って吸い物などに供する．

豆腐羹(とうふかん)：堅めに作った豆腐を醤油を主とする調味液で一夜煮込んだもので，宇治の黄檗山万福寺(おうばくさんまんぷくじ)の精進料理として供されている．

味噌漬豆腐(みそづけ)：熊本県下で作られる．豆腐を十分水切りして布で包み，麦味噌に漬け込み，冷涼な場所に6か月内外おいたもので，その間にうま味を生ずる．

豆腐よう：沖縄の特産物である．堅めに作った豆腐をさいの目に切り，1〜2日陰干しで半乾きとする．これを泡盛で洗浄後，紅麹(べにこうじ)または黄麹(きこうじ)，少量の食塩と泡盛で調製した漬込液に入れて数か月熟成させたもので，たんぱく質の分解で，うま味に富んでいる．中国の乳腐(ニュウフ)（腐乳(フルー)）と類似しているところもあるが，食塩含量が低く，味もおだやかで，副食として供される．

⑨ 油揚げその他の揚げ豆腐類

油揚げ，生揚げ（厚揚げ），がんもどきが主な揚げ豆腐類である．それぞれ異なる姿，風味，歯ごたえを持っているが，これをつくり出している作り方について簡単に説明することとする．

共通しているのは主原料が豆腐と揚げ油であることで，それぞれ豆腐の作り方，揚げ温度などに違いがある．なお，揚げ油はかつては精製不十分のナタネ油が用いられたが，このものは色が赤味がかっていたため赤水（あかみず）と呼ばれ，揚げ物の色も強い褐色であった．現在は精製した大豆油，ナタネ油などが用いられ，揚げ物の色はずっと淡くなっている．

油揚げは多少堅めに作った豆腐を厚さ数ミリメートルの長方形に切り，必要ならさらに脱水する．この際，豆腐はダイズの磨砕物の加熱が過ぎないようにするため冷水を加えて急速にある程度温度を下げる必要がある．豆腐は最初110℃位の油で揚げると縦横に膨張し，多孔質となり，厚みも増す．ついでこれを180～200℃の油に移すと表面が固くなってしっかりしたものとなる．前段の加熱を"のばし"，後段の加熱を"からし"と呼ぶ．面積で元の豆腐の約3倍になるが，条件を誤ると十分大きくならない．油揚げ用の豆腐で加熱が過ぎないように冷水を加えるのは，たんぱく質の結合が強くなりすぎないようにするためといわれるが，また冷水中に溶けている空気が豆腐中に移行し，これが豆腐の膨張に与っているともいわれている．

生揚げは普通の豆腐を適当な大きさに切り，最初から200℃位の油で揚げたもので，油揚げのように膨張せず，元の豆腐の姿をそのまま残している．

がんもどきは豆腐をくずして水を切り，十分練り，さらにニンジン，ゴボウ，コンブ，ゴマを，すりつぶしたヤマノイモと一緒に加え，よく混ぜ，円盤状に成型し，これを油揚げ同様2段階揚げしたものである．がんもどきの名は雁（ガン）の肉に似せたものの意で，菜食の仏僧が鳥肉のように歯ごたえのあるものへの欲求から考え出したといわれている．

3) 納豆類

納豆はわが国独特の食品といわれるが，これには異論がある．中

1. 食への用途

国，韓国にも類似の食品があり，また中尾佐助氏によると食塩を用いない発酵食品が日本の納豆以外にジャワにテンペ，ヒマラヤにキネマがあり，この3地域を結ぶ三角形を「ナットウの大三角形」と呼んで，日本の納豆がこれらの地域と何らかの関係のあった可能性を示唆している．

わが国の納豆は糸引納豆と呼ばれるもので，蒸煮ダイズに納豆菌を繁殖させたものである．他に麴菌を使い食塩を加えた浜納豆，大徳寺納豆（寺納豆とも呼ばれる）があり，いずれも地域的な食品である．**糸引納豆**は一晩水に浸漬したダイズを軟らかくなるまで蒸煮し，これに納豆菌（枯草菌の一種）を接種し，40～45℃に14～18時間保つと出来上がる．表面は白色の菌で被われ，粘質物を生成する．発酵が進みすぎるとアンモニアを生成し，風味が低下する．粘質物はグルタミン酸の重合物にフルクトースが結合したものである．本来納豆は「わらつと」で蒸煮ダイズを包み，わら中の自然の納豆菌の生育を利用して作られていた．これによると時に雑菌のために不良品となったり，食品衛生的にも好ましくないことから，純粋培養による納豆菌を水に分散させて蒸煮ダイズ中に散布し，これを発泡スチロール容器に分配し，発酵させてそのまま市販する方法がとられている．納豆は東日本での消費が主で西日本ではあまり好まれなかったが，最近は種々の生理的効果が明らかになり，東西の人の交流も多くなって全国的に消費が増えている．

ダイズを煎って割砕，脱皮して納豆にしたものを**ひき割納豆**という．また納豆に米麴と食塩を加えて混合して漬け込み，密封して1か月間熟成させたものは雪割納豆，五斗納豆と呼ばれる．ショウガやサンショウを加えることが多い．

寺納豆は納豆菌を用いず，蒸煮ダイズに麴菌を繁殖させた豆麴を食塩水に漬け込んで長期間熟成させたものであり，濃厚な味と香りを有し，黒褐色を呈している．大徳寺納豆は京都の産物であるが，浜納豆は浜名湖近辺のもので，ここは豆味噌の産地である愛知県に

近い.

なお,ナットウ大三角形の一角にあるテンペは無塩の大豆食品の一種で,インドネシアのジャワ島,スマトラ島で多く消費されている(「海外における豆の利用」参照).わが国では10数年前から,無塩発酵食品として生産され,最近消費が少しずつ伸びている.

4) 豆腐および納豆における成分の変化と消長 (表1.2参照)

ダイズはたんぱく質,油脂を豊富に含み,かつ食物繊維,無機成分に富み,糖類中にはオリゴ糖が多い.また微量成分としてビタミン B_1, B_2, E, サポニン,レシチン,イソフラボンを含み,無機成分としては他のマメ類に比べカルシウム,鉄が多い.この内たんぱく質は特にダイズの場合,血中コレステロール低下効果が認められ,食物繊維では便通促進,腸内細菌の改善,大腸がんの予防効果が明らかにされている.またオリゴ糖としてのスタキオース,ラフィノースには腸内のビフィズス菌の増殖効果がある.サポニン,レシチン,イソフラボンは種々の老化防止作用を有することで最近特に注目されている.以上の各成分については別章で詳しく解説されるので,ここでは主に豆腐,納豆製造中における各成分の消長について説明する.

豆腐製造における加熱操作で,ダイズのたんぱく質は熱変性を受けて高次構造の変化により被消化性が高まる.またダイズ中に含まれるトリプシンインヒビター(たんぱく質の消化阻害物質)や血液凝固物質であるレクチン(ヘマグルチニン,赤血球凝集素)は熱変性でその害作用を失うが,100°C以上で加熱する必要がある.ダイズ中のたんぱく質は80%が豆乳中に溶出し,その約90%が豆腐に移行する.一方ダイズ中の油脂は75%内外が豆乳中に乳化状態で溶出し,その約95%が豆腐中に移行する.したがって豆腐はたんぱく質および油脂含量の高い食品である.このことは,乾燥状態で得られる凍り豆腐の成分組成で,たんぱく質約50%,油脂約30%から

も明らかである。ダイズ中に含まれる糖分はスクロースのほかスタキオース,ラフィノースなどである。豆乳中には大部分が溶出するものの凝固工程で上澄み中に出るため,もめん豆腐では豆乳から豆腐中に移行する割合は50%以下である。きぬごし豆腐では豆乳全体が豆腐になるので100%ということになる。

ダイズ中に含まれる少量ないし微量成分のうちビタミン B_1, B_2, サポニン,イソフラボンは水溶性であるので,豆腐製造中の消長はほぼ上記糖類と似通っている。ダイズ中に含まれる油溶成分のビタミンE,レシチンの消長はほぼ油脂類に準ずるとみてよい。

納豆製造中に起こる変化は,たんぱく質の加水分解と粘質物の生成である。ダイズのたんぱく質はグルタミン酸に富んでいるので,納豆中にはこのアミノ酸を中心とするうま味成分が生成しており,これは納豆菌の生産するたんぱく分解酵素によるものである。また粘質物はグルタミン酸が多数結合したポリグルタミン酸にフルクトースが結合したものである。納豆菌が生成する生理活性成分として最近注目されているナットウキナーゼがあり,このものは血栓溶解作用があるため血栓症の予防に効果があるといわれている。

5) 味噌および醬油の製造と成分変化

味噌および醬油もわが国の重要な大豆食品である。発酵食品であることは納豆と類似しているが,発酵時間が納豆に比べてずっと長いこと,ダイズの他にコメまたはムギを使うこと,食塩を用いることが納豆と異なっている。

味噌はコメまたはオオムギを蒸して,これに麴菌を繁殖させて米麴または麦麴を作り,これに蒸しダイズ,食塩および水を加えてよく混ぜ,半固形状にして仕込み,数か月から1年熟成させて出来上がる。コメ,オオムギを全く用いない味噌では蒸したダイズに種麴により麴菌を繁殖させた豆麴を用いる。原料により米味噌,麦味噌,豆味噌に分類される。米麴,麦麴のダイズに対する比率が高いものや食塩の少ないものは甘味が強く甘味噌といい,逆の場合は

表 1.2 豆腐および納豆の成分組成（可食部 100 g 当り）

食品名	もめん豆腐	きぬごし豆腐	凍り豆腐	糸引納豆	ダイズ(国産)(参考)
エネルギー (kcal)	72	56	529	200	417
水　　分 (g)	86.8	89.4	8.1	59.5	12.5
たんぱく質 (g)	6.6	4.9	49.4	16.5	35.3
脂　　質 (g)	4.2	3.0	33.2	10.0	19.0
炭水化物 (g)	1.6	2.0	5.7	12.1	28.2
灰　　分 (g)	0.8	0.7	3.6	1.9	5.0
無機質 (mg)					
カルシウム	120	43	660	90	240
リン	110	81	880	190	580
鉄	0.9	0.8	6.8	3.3	9.4
ナトリウム	13	7	380	2	1
カリウム	140	150	30	660	1,900
マグネシウム	31	44	120	100	220
亜鉛	0.6	0.5	5.2	1.9	3.2
銅	0.15	0.15	0.55	0.61	0.98
ビタミン (mg)					
E	0.6	0.3	4.4	1.2	3.6
B_1	0.07	0.10	0.01	0.07	0.83
B_2	0.03	0.04	0.01	0.56	0.30
ナイアシン	0.1	0.2	tr	1.1	2.2
食物繊維 (g)					
水溶性	0.1	0.1	0.6	2.3	1.8
不溶性	0.3	0.3	1.2	4.4	15.3

五訂日本食品標準成分表（科学技術庁資源調査会）による．

辛味噌という．また，コメの割合が特に高いものは白味噌，そうでないものを赤味噌という．豆味噌は黒褐色で，特に熟成期間が長いものは濃厚となる．図 1.3 に米味噌の製造工程を示した．

味噌は熟成初期には麹菌が生産した各種の酵素でダイズやコメ・ムギの成分の一部が分解して糖による甘味やアミノ酸によるうま味を生じ，その後天然あるいは加えた酵母や乳酸菌によりアルコール，有機酸，エステルなどの芳香成分が出来，味噌独自の味と風味と色が生じる．豆味噌では特に味が濃厚である．

醤油の原料はダイズとコムギであるが，今日では脱脂ダイズと炒りコムギを用いる．蒸した脱脂ダイズを割砕した炒りコムギと混ぜ，

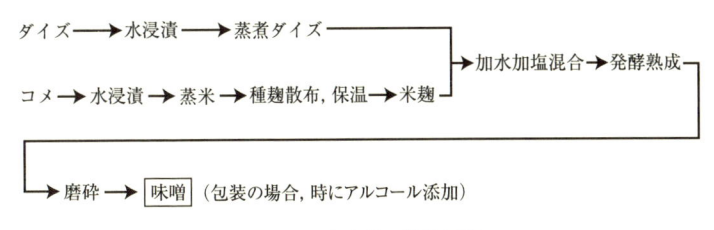

```
ダイズ ──→ 水浸漬 ──→ 蒸煮ダイズ ──────────┐
                                          ├──→ 加水加塩混合 ──→ 発酵熟成 ──┐
コメ ──→ 水浸漬 ──→ 蒸米 ──→ 種麹散布,保温 ──→ 米麹 ──┘                   │
┌─────────────────────────────────────────────────────────────────────────┘
└──→ 磨砕 ──→ 味噌 (包装の場合,時にアルコール添加)
```

図 1.3 米味噌の製造工程

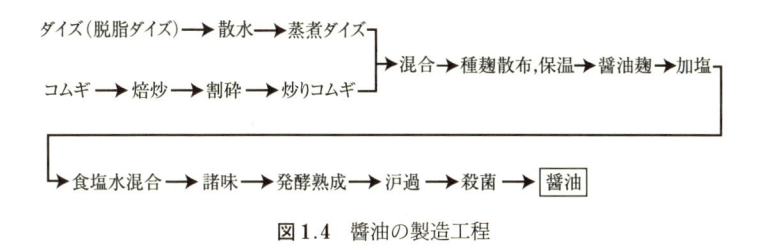

```
ダイズ(脱脂ダイズ) ──→ 散水 ──→ 蒸煮ダイズ ──────┐
                                                ├──→ 混合 ──→ 種麹散布,保温 ──→ 醤油麹 ──→ 加塩 ─┐
コムギ ──→ 焙炒 ──→ 割砕 ──→ 炒りコムギ ──────┘                                                    │
┌───────────────────────────────────────────────────────────────────────────────────────────────┘
└──→ 食塩水混合 ──→ 諸味 ──→ 発酵熟成 ──→ 沪過 ──→ 殺菌 ──→ 醤油
```

図 1.4 醤油の製造工程

種麹を加えて醤油麹を作り,これに食塩と水を加えて諸味(もろみ)として1年近く熟成させる.その間に酵母と乳酸菌が繁殖して独自の風味と色が生成する.最近は,風味の点から丸大豆も用いられている.

　醤油の場合も麹の酵素で原料成分が分解して甘味やうま味,芳香を生ずるが,分解の程度は味噌の場合よりはるかに進んでいる.特にダイズ中のたんぱく質の分解が著しく,うま味成分が濃厚に溶出し,調味料としての醤油の特徴となっている.原料中のたんぱく質が分解してどのくらい醤油中に溶出しているかを示す数値を窒素利用率と呼んでおり,工程の改善や麹菌の選定などにより最近は90%を超えている.図1.4に醤油の製造工程を示した.

6) ダイズの新しい利用

　アメリカでダイズは主に油脂原料として生産され,今日生産量は年間5,000万～6,000万tに及んでいる.製油の際に得られる脱脂

ダイズは大部分が家畜の飼料として用いられてきた．しかし最近，動物性食品の過剰摂取による色々の問題から植物性たんぱく質であるダイズたんぱく質が注目されるようになった．豆腐がアメリカにおいて食生活でのウエイトを高めているといわれているが，ダイズたんぱく質を食膳にのせるための主流は脱脂ダイズあるいはこれから得られる濃縮大豆たんぱくや分離大豆たんぱくを食品化することであり，それも畜肉に近い食感（咀嚼性）を持ったもの，あるいは飲料にほぼ絞られている．

以下これについて簡単に説明するが，わが国でも同様な開発が行われ，中にはわが国独特のものもある．

① 脱脂ダイズ，濃縮大豆たんぱく，分離大豆たんぱく

脱脂ダイズは，たんぱく質含量50％内外で原料ダイズに比べてかなり高たんぱく質である．このものはダイズの持つ青臭味などが残っているため，最近はこれをエタノールまたはうすい酸で処理したものが素材として用いられる．これにより脱脂ダイズ中のにおい成分の一部，糖，窒素化合物の一部が除かれ，たんぱく質含量が高まるため乾燥物は濃縮大豆たんぱくと呼ばれる．また脱脂ダイズを水またはアルカリ抽出後，酸でたんぱく質を沈でんさせたものが分離大豆たんぱくであり，たんぱく質含量は90％に達し，大部分がグリシニンである．なお，脱脂ダイズの水抽出液を濃縮したものは丸ダイズの豆乳に相当するもので，素材として用いることができる．

② 組織状あるいは繊維状大豆たんぱく

脱脂ダイズ，濃縮大豆たんぱくを2軸エクストルーダーで処理すると高温，高圧により方向性に富んだ咀嚼性のあるものが出来，調味の上さらに加工を行って種々の肉加工品に似た食品が得られている．また，分離大豆たんぱくを適当な条件下で細い孔から射出することにより繊維状に成型することができ，これも調味，加工によって種々の製品ができる．これらは「植物性たん白」として日本農林規格（JAS）が定められている．

③ 飲料あるいはゲル状食品

分離大豆たんぱくは水に可溶のものも出来ているので適当な調味で直接飲料に加工することができる．また溶液にした後，凝固あるいはゲル化させ，また濃厚状態で溶解させることにより種々の物性を具えた食品が出来ており，わが国の市場でみられる．

7) その他の大豆食品

今まで説明していない大豆食品としては豆乳，ゆば，きなこ，もやしなどがある．

① 豆　　乳

豆乳は豆腐製造の中間産物である．中国では昔から広く飲まれていたが，わが国ではあまり普及していなかった．しかし10数年前，独特のにおいのない豆乳が開発され，量産が進み，消費量が大幅に増えた．その後再び減少に転じたが，最近は健康飲料として注目され，増加が著しい．

豆乳のダイズ臭はダイズを磨砕（まさい）する時に脂肪酸にリポキシゲナーゼ（脂質酸化酵素）が作用して生ずるヘキサナール，ヘキサノールによるものとされたため，磨砕後直ちに加熱してリポキシゲナーゼを不活性化することでこの問題が解決され，消費が大幅に増えたといわれる．最近ダイズ中のリポキシゲナーゼを欠いている品種が作出され，今後の豆乳その他ダイズ臭が問題になる食品の原料として注目されている．豆乳にもJASが定められている．

② ゆば（湯葉）

ゆばは豆乳を平たい銅鍋で沸騰しない程度に加熱し，表面に出来る膜を細い竹の棒ですくい上げたもので，生ゆばあるいは干しゆばとして食用に供される．京都および日光はゆばの産地である．ゆばは豆乳の加熱を続けると次々に得られるが，初めの方がたんぱく質，油脂の含量が高く高級品とされる．

③ きなこ（黄粉）

きなこはダイズを煎った後，必要なら皮を除き，粉砕したもので

ある．粉砕機は衝撃式が用いられ，周囲の金属ふるいを通って得られるので粒度は揃っている．青(緑)大豆(皮，子葉とも緑色のダイズ)を用いたきなこは「うぐいすきなこ」といわれる．各種の菓子原料となる．

④ もやし

ダイズのもやしは水浸漬したダイズを調整された温湿度下において発芽させたもので，これについては次節で説明がある．わが国ではダイズもやしは韓国料理に用いられることが多い．

（渡辺篤二）

1.2 大豆もやし

もやしは主にリョクトウ，ケツルアズキ（ブラックマッペ）を原料とするが，大豆もやしも韓国料理，中国料理用に作られている．もやしに用いられるダイズの量は年間数千 t でリョクトウなどの 4 万〜5 万 t より少ない．原料は現在中国およびカナダ産のものが多い．

1) 製造方法

製造方法はⅢ-1編で説明したリョクトウもやしなどの方法とほぼ同様で，洗浄，水浸漬，発芽，育成，水洗い，包装からなっている．以下に特記すべき事項について説明する．

① 原料の洗浄

夾雑物，土砂，もやしの腐敗原因となる細菌を除去するために行う．

② 浸漬と殺菌

ダイズの浸漬時間は他の豆に比べて少なくする必要がある．表1.3はこのことを示すもので，浸漬時間を3時間にすると発芽率の低下と生育不良率の顕著な上昇がみられる．これは浸漬中の腐敗が速やかにに進行するためで，浸漬は通常30分以内とし，その間高度さらし粉を用い塩素濃度を200ppmに調整，殺菌をする．

③ 製造温度と製造日数

1. 食への用途

表 1.3 原料ダイズの浸漬がもやしに与える影響

大豆	浸漬(時間)	発芽率(%)	生育不良率(%)	収量倍率
中国産中粒	3	96	39	7.1
	1	98	16	8.1
	0	87	17	7.6
国産原料 A	3	89	27	5.0
	1	96	15	6.0
	0	99	13	6.3
国産原料 B	3	61	64	4.5
	1	86	38	5.4
	0	94	29	6.4
国産原料 C	3	99	—	6.4
	1	100	—	6.4
	0	100	—	6.6

表 1.4 製造室温度が大豆もやしに与える影響

大豆	全長 (mm)				胚軸の長さ (mm)				胚軸長／全長 (%)			
	15°C	20°C	25°C	30°C	15°C	20°C	25°C	30°C	15°C	20°C	25°C	30°C
中国産中粒	195	175	171	203	129	117	100	98	66	67	59	48
国産原料 A	211	241	207	221	128	137	110	97	61	57	53	44
B	238	211	227	222	143	123	122	103	60	58	54	46
C	257	250	277	239	156	155	159	116	61	62	43	49
D	281	235	259	249	165	136	132	99	59	58	51	40
E	289	270	262	233	177	150	133	99	61	56	51	42
F	223	220	250	211	125	134	134	104	56	61	54	49

注) 温度 15°C・14日, 20°C・9日, 25°C・7日, 30°C・6日目に調査した.

製造温度は大豆もやしの生育に大きな影響を与えるが, 表 1.4 は温度ともやしの胚軸の長さをみたもので, 15°C, 20°C では 30°C より胚軸が長く根が短い. 30°C では胚軸が十分成長しないうちに子葉が割れて, 初生葉が出る傾向が認められ, 商品価値が低く腐敗発生の点からも好ましくない. また 15°C では生育の日数が長くなるので 20～25°C が適温とされている.

④ 散水方法

散水 2 回では生育不良で, 6～8 回が適当である (図 1.5). 節水法として原料 40kg/m² とし, 1 日 6 回 (150l/m²/回) 行うのが適

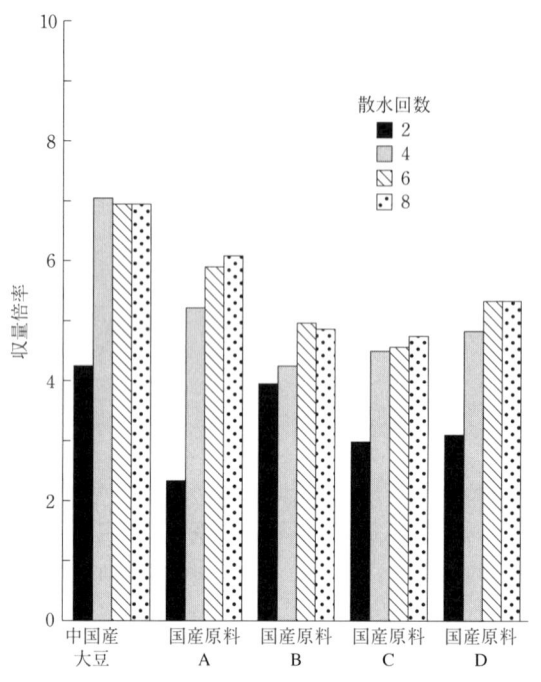

図1.5 1日の散水回数と製造7日間の収量倍率

当である．水温については18℃と23℃で比較した場合，18℃より23℃の方が生育が良いものの18℃でも十分生育が可能である．

⑤ 原料ダイズの保管ともやしの発芽率

原料ダイズの保管状況がもやしの発芽率に影響することは言うまでもなく，5〜10℃で保管することが望ましい．表1.5は30℃に

表1.5 保管条件が大豆もやしに及ぼす影響（30℃）

原料大豆	発芽率 (%)			子葉不良率(%)			収量倍率			胚軸の長さ (mm)		
	0日	10日	20日	0日	10日	20日	0日	10日	20日	0日	10日	20日
中国産中粒	94	91	86	22	32	42	6.8	6.6	6.1	111	98	82
国産原料 A	98	90	80	30	33	61	6.1	5.8	4.3	115	98	59
国産原料 B	100	100	99	1	5	10	7.2	6.4	6.0	140	121	103

1. 食への用途

10日および20日保管したダイズをもやしにした場合の発芽率と収量をみたもので,保管温度が高いと明らかに発芽率,収量の低下,子葉不良率の上昇,胚軸の長さの低下がみられる.

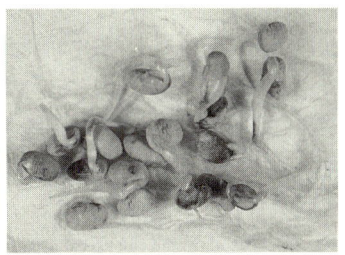

図1.6 紫斑病菌 (*C. kikuchii*) の増殖

図1.7 子葉黒点病菌 (*A. alternata*) の増殖

表1.6 大豆もやしの成分組成(可食部100g当り)

食 品 名	大豆もやし(生)	ダイズ(中国産,乾)
エネルギー (kcal)	54	422
水　　分 (g)	88.3	12.5
たんぱく質 (g)	5.4	32.8
脂　　質 (g)	2.2	19.5
炭水化物 (g)		
糖　質	2.6	26.2
繊　維	0.8	4.6
灰　　分 (g)	0.7	4.4
無機質 (mg)		
カルシウム	33	170
リ ン	75	460
鉄	0.7	8.9
ナトリウム	4	1
カリウム	240	1,800
ビタミン		
レチノール (μg)	0	0
カロチン (μg)	∅	15
A効力 (IU)	∅	∅
B_1 (mg)	0.13	0.84
B_2 (mg)	0.10	0.30
ナイアシン (mg)	0.6	2.2
C (mg)	8	∅

四訂日本食品標準成分表(科学技術庁資源調査会)による.

⑥ 大豆もやしの品質低下防止対策

大豆もやしは製造中にカビの増殖によって，品質が低下する場合がしばしばみられる．その一つは紫斑病菌と子葉黒点病菌で，前者に汚染されたダイズの子葉は褐色・紫紅色を呈し，後者では黒色を呈する．これらのダイズまたは発芽途中のダイズの表皮も同様の色を呈し，図1.6, 1.7のような状態になるので，予め色彩選別機などで取り除く必要がある．その他の方法として，大豆もやしの出荷後に製造施設の除菌・洗浄を実行し，菌の付着増殖を抑えることが大切である．

2) 大豆もやしの成分組成

表1.6は「四訂日本食品標準成分表」による大豆もやしの成分組成である．比較のため原料ダイズの成分表も掲げた．大豆もやしは他のもやしと違い子葉をそのまま残しており，これが風味や歯ごたえを良くするといわれる．

（青木睦夫）

1.3 ラッカセイの利用

ラッカセイの味というと，煎り上がった時の独特の風味—香気—である．

この香気の成分については，これまで多くの研究があり，300を越える化合物が見いだされている．香気成分の主なものは，ピラジン類，チアゾール類，オキサゾール類，カルボニル化合物で，これらの香気成分の多くは生豆中には微量もしくは全く存在しないもので，焙煎することによって生じる．

ラッカセイはこの風味を生かすため，煎り豆・バタピー（バターピーナッツ）などの嗜好品や菓子類，あるいはピーナッツバターとして主に加工・利用されている．

一方，ラッカセイを使った料理には，落花生味噌，煮豆，和え物，味噌汁，落花生豆腐などのほか，煎り豆を刻んだり粉末にして料理

に加えたりするものがあり，郷土料理的な色彩が強い．なお，これらの料理は調理・加工品としての流通が多く，他のマメ類に比べて，一般家庭での料理や菓子の食材としてラッカセイが利用されることは少ない．この理由は，日本ではラッカセイの栽培の歴史が浅く，また生のラッカセイがダイズやアズキなどのように広く小売りされることは少なく，産地の販売店などに限られることが原因と考えられる．

また，落花生油は中華料理などではよく利用されるが，一般的にはなじみが薄い．

なお，これまではラッカセイの産地に限られていた掘りたての塩ゆでラッカセイが，冷凍流通やレトルト加工されることにより各地で通年食べられるようになるなど，ラッカセイの新しい調理方法や流通形態の検討がなされている．

1) むき実・選別

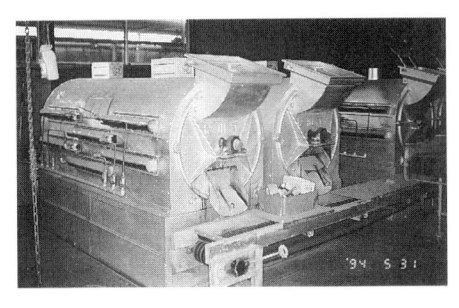

以前は農家がむき実（豆）を出荷しており，"手むき"といって莢(さや)を割って豆を取り出すことは手間のかかる作業で，女性の夜なべ仕事の一つだった．現在では莢のまま出荷され，加工業者が機械を使ってむき実にしているが，昔の手むきの良さを懐かしむ業者も多い．煎り豆にする場合，豆がそのまま商品となるため，割れたものや小粒のもの，品質の悪いものなどを選別する．ふるい落とされたものは製菓原料や刻み・粉末などに回される．

図1.6 莢煎機

2) 煎り莢

加工業者が農家から買い入れたラッカセイのうち，比較的莢のきれいなものを煎り莢に用いる．水洗いした後乾燥させ，下莢などを取り除いてから煎るが，中には水洗いせずに煎ることもある．ラッカセイ本来の味があり，吸湿による変質も少ない．

煎り機には回転式のものと平型のものがある．火力は普通ガスが用いられる．一度に煎る量は60kg程度で，40〜50分かけて煎りあげる．火を止める時がポイントになり，煎りが強いか弱いかは，この時の微妙なタイミングによるもので，長年の経験に支えられており，業者によって異なる．煎り機から出されたラッカセイはまだ熱を持っているため，風を送るなどして温度を下げ，袋詰めされる．

3) 煎り豆

煎り豆には，そのまま煎る"素煎り"と，塩水に漬けてから煎る"味付け"の2種類がある．

"素煎り"はラッカセイ独特の風味があるが，塩味のついた方が好まれるようで，煎り豆では"味付け"で加工されるものが多い．

煎り莢・バタピーとともに贈答品には欠かせないものである．

4) バターピーナッツ（バタピー）

最初はバターを使って揚げたのでこの名前がついたといわれるが，現在はヤシ油などの硬化油が用いられている．種皮を除いたラッカ

図1.8 バタピー製造機

セイを網籠（あみかご）に入れて、約150℃に熱した油で淡褐色になるまで揚げる。油を切った後、少量のバター、食塩、調味料などで味付けをする。

バタピーで不思議なのは、ラッカセイの種皮をどうやって取るのかということだが、熱湯に数分漬けた後、急速に冷やし、刃で種皮に切れ目を入れて、ローラーにかけて種皮を取り除く。

贈答用には粒の大きなものの方が見栄えはいいが、実際食べてみると中実と呼ばれる小粒のものの方が甘味があっておいしい。

最近は中国で加工された製品の輸入が増加している。

5) ピーナッツバター

アメリカでは非常に多く消費されており、日本でもパン食の普及とともに利用されるようになってきた。煎った豆の種皮をとり、チョッパーにかけた後ロールで磨砕（まさい）する。食塩を1〜2％加えるが、さらにバター（または植物油）、砂糖やクリーミングパウダーを加えたものもある。

6) 砂糖まぶしなどの豆菓子

煎ったラッカセイのまわりに砂糖をからめるというのは、昔から農家でも行われていた。

最近販売店でみるものは、小麦粉などを使ってラッカセイの豆のまわりに様々な味付け、すなわち色付けがなされている。チーズ、抹茶、カカオ、味噌をはじめ、実に多種多様な味を付けたものが並んでいる。小袋のものが多く、いろいろな組み合わせで贈答用に喜ばれている。

また、ラッカセイの甘納豆（あまなっとう）や莢ごと蜂蜜で煮込んだものも売られている。

7) ゆでラッカセイ

一口にゆでラッカセイといっても、どのようなラッカセイをゆでるかで、意味は全く違ってしまう。掘りたてのラッカセイを莢ごとゆでるもの、乾燥させた莢を水でもどした後にゆでるもの、そして

乾燥した豆をもどしてゆでるものと，ゆでラッカセイにもいろいろなものがある．

普通，ゆでラッカセイというと掘りたてのラッカセイを塩ゆでにしたもので，ラッカセイ独特の風味を持つが，日持ちが極めて悪いために，ラッカセイ産地の農家などに限られた食べ方であった．しかし，現在では冷凍して貯蔵・流通させることが一般化したため，各地で通年食べられるようになった．ただ，収穫期の秋にゆでて，販売するまでの期間を冷凍状態で貯蔵，流通させるための経費は大きく，小売価格は必ずしも安くはない．

この点からすると，一度乾燥させた莢，または豆をゆでる方が経費は少なくてすむが，掘りたての味とは別物で，むしろ煮豆のような食感で，実際に販売されているものは，醤油味などの味付けがされているものが多い．

最近，ゆでて冷凍するものに代わって，生莢を直接レトルト加工する技術の開発が行われた．レトルト処理されたものは，常温での流通が可能であるため，従来の冷凍されたものと比べて取扱いが容易で，流通コストも低減されるため，今後の発展が期待される．

8) 製菓原料

むき実のうち割れたり傷がついたもの，小粒のもの，軽い変色粒などは刻んだり粉末にして，せんべい，おこし，あめ玉，ピーナッツチョコ，クッキー，マコロン，ケーキなど各種の菓子の原料として利用されている．

（鈴木一男）

2. 成分組成

2.1 ダイズの成分

　国産のダイズは大粒が多く，アメリカ産，中国産では中小粒が多い．おおむね種皮部8，子葉部90，胚芽(はいが)2からなり，アズキや菜(サイ)

表2.1 ダイズの一般成分（可食部100g当り）

種　　類	エネルギー		水　分	たんぱく質	脂　　質	炭水化物	灰　分
	kcal	kJ			g		
国　　産	417	1,745	12.5	35.3 (40.3)	19.0 (21.7)	28.2 (32.3)	5.0 (5.7)
アメリカ産	433	1,812	11.7	33.0 (37.4)	21.7 (24.6)	28.8 (32.6)	4.8 (5.4)
中　国　産	422	1,766	12.5	32.8 (37.5)	19.5 (22.3)	30.8 (35.2)	4.4 (5.0)
FAOによる	400	1,674	10.2	35.1 (39.1)	17.7 (19.7)	32.0 (35.6)	5.0 (5.6)

注）四訂日本食品標準成分表およびFAOによる．
　（　）内は固形物比．

表2.2 マメ類のPFCの比較

種　　類	たんぱく質 (P)	脂　　質 (F)	炭水化物 (C)
ア　ズ　キ	25.0	2.7	72.3
インゲンマメ	24.9	2.8	72.3
エ ン ド ウ	25.7	2.7	71.6
サ　サ　ゲ	29.5	2.5	68.0
ソ ラ マ メ	31.0	2.4	66.6
リョクトウ	29.3	1.8	68.9
ダ イ ズ（国産）	42.8	23.0	34.2
ラッカセイ	27.7	51.8	20.5
牛　　　乳	27.1	30.8	42.1
全　粉　乳	28.0	28.8	43.2
脱脂粉乳（国産）	38.5	1.1	60.4
全　卵（生）	50.4	45.9	3.7
人　乳（母乳）	9.3	29.7	61.0

注）四訂日本食品標準成分表より算出．

豆などの雑豆類より,たんぱく質や脂質に富んでいる.表2.1にダイズの一般成分を,表2.2に雑豆類や牛乳などと比較したPFC(たんぱく質・脂質・炭水化物)のバランスを示した.牛乳にはわずかに及ばないが,P 4.3:F 2.3:C 3.4 を示し,雑豆類や全卵,人乳などより明らかに優れた PFC のバランスを示している.

たんぱく質は大部分がグリシニンと呼ばれるグロブリンであるが,そのアミノ酸組成は雑豆類や他の植物たんぱく質より優れ,含硫アミノ酸であるメチオニンがやや少ないほかは,牛乳(脱脂粉乳)たんぱく質に似ている(表2.3,図2.1).グリシニンは単一なたんぱく質ではなく,いくつかの成分から成る.

炭水化物は30%内外であるが,その内の食物繊維含量は,国産

表2.3 ダイズのアミノ酸組成(可食部100g当り)

種類 アミノ酸	ダイズ 国産	脱脂粉乳 国産
タンパク質 (g)	35.3	34.0
アミノ酸 (mg)		
◎イソロイシン	1,800	1,800
◎ロイシン	2,900	3,300
◎リジン	2,400	2,600
◎メチオニン	560	830
シスチン	610	270
◎フェニルアラニン	2,000	1,600
チロシン	1,300	1,600
◎スレオニン	1,400	1,400
◎トリプトファン	490	470
◎バリン	1,800	2,100
ヒスチジン	1,100	1,000
アルギニン	2,800	1,100
アラニン	1,600	1,100
アスパラギン酸	4,400	2,600
グルタミン酸	6,600	6,900
グリシン	1,600	640
プロリン	2,000	3,500
セリン	1,800	1,800
内 必須アミノ酸計	13,350	14,100

注) ◎は必須アミノ酸.
　　改訂日本食品アミノ酸組成表による.

2. 成分組成

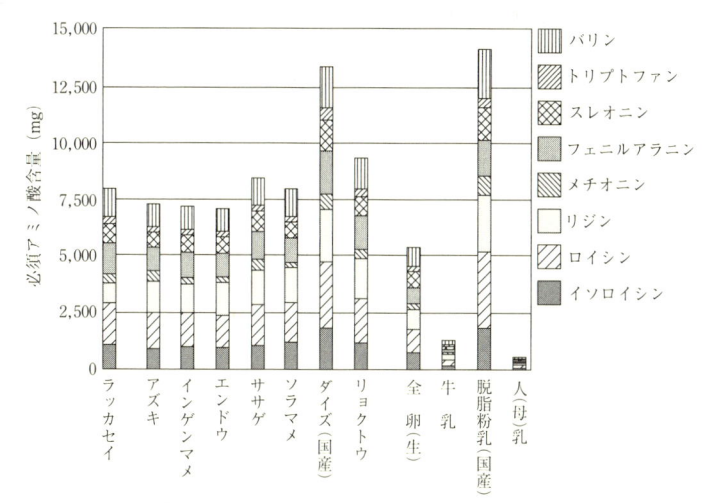

図 2.1 マメ類の必須アミノ酸
(飲食料品機能性素材有効利用技術シリーズ, No.2, 菓子総合技術センター)

ダイズと FAO による値にかなりの差がある.これは種類による種皮率の差が影響しているものと推察される.糖類は乾物換算で約10%も含んでおり,その約50%をスクロースが占め,40%がスタキオース,10%がラフィノースであり,これらはダイズオリゴ糖として利用されている(表2.4).

表 2.4 ダイズの糖質と食物繊維 (g/100g)

種 類	炭水化物	食 物 繊 維			糖 質
		総 量	水溶性	不溶性	
国 産	28.2	17.1	1.8	15.3	11.1
FAO による	32.0	11.9			20.1

注) 糖質=炭水化物-食物繊維総量.四訂日本食品標準成分表による.

(付) ダイズの糖類分析例 (乾物%)

種 類	スクロース	スタキオース	ラフィノース
国 内 産 (3種平均)	5.7	4.1	1.1
アメリカ産 (6種平均)	4.5	3.7	1.1

注) 飲食料品機能性素材有効利用技術シリーズ, No.2 (菓子総合技術センター) による.

表2.5 ダイズの脂質（可食部100g当り）

種類	脂質	脂肪酸			コレステロール	リノール酸	リノレン酸
		飽和	一価	多価			
	g	g			mg		
国産	19.0	2.57	3.61	10.49	0	8,668 (52.0)	1,817 (10.9)
アメリカ産	21.7	3.15	4.25	11.63	0	10,029 (52.7)	1,599 (8.4)
中国産	19.5	2.73	3.37	11.00	0	8,995 (52.6)	2,001 (11.7)

注) ( )内は脂肪酸100g当りの比率．日本食品脂溶性成分表による．

表2.6 ダイズのミネラル（mg/100g）

種類	ナトリウム	カリウム	リン	カルシウム	鉄
国産	1	1,900	580	240	9.4
アメリカ産	1	1,800	480	230	8.6
中国産	1	1,800	460	170	8.9
FAOによる				226	8.5

注) 四訂日本食品標準成分表による．

表2.7 ダイズのビタミン（100g当り）

種類	カロテン	E効力	B_1	B_2	ナイアシン
	μg	mg			
国産	12	1.8	0.83	0.30	2.2
アメリカ産	8	1.8	0.88	0.30	2.1
中国産	15	1.8	0.84	0.30	2.2
FAOによる			0.66	0.22	2.2

注) 四訂日本食品標準成分表による．

脂質は約20％を占め，大豆油として広く活用されている．必須脂肪酸で知られるリノール酸，リノレン酸を豊富に含み，大豆油総脂肪酸の52％をリノール酸が，10％をリノレン酸が占め，必須脂肪酸の供給源として重要な役割をもっている（表2.5）．

ミネラル類は雑豆類より高い含量を示しており，カリウムやリンは若干高い程度であるが，カルシウムは2倍以上の100g中170～240mg，鉄は1.5倍以上の8.5～9.4mgを含んでいる（表2.6）．また

ビタミンでは，B_1 は 0.66〜0.88mg，B_2 は 0.22〜0.30mg で雑豆類の 1.5〜2 倍程度が含まれ，ナイシアンはほぼ同じ 2.2mg である（表2.7）．このほか，ビタミン B_6 が 0.46〜0.59mg，K が 18〜34μg 含まれている．ビタミン A 効力やビタミン C はほとんど含まれていない．

（早川幸男）

2.2 ラッカセイの成分

ラッカセイの子実中の主な成分は，脂質が約 50％，たんぱく質が約 25％を占めている．そのほか炭水化物 19％，灰分 2％である．また無機質としてカルシウム（Ca）や鉄分（Fe）が，ビタミン類として B_1，B_2，ナイアシン，E（トコフェロール）などが含まれている．コレステロールは含まれず，脂肪酸もオレイン酸，リノール酸などの不飽和脂肪酸が多い．

表 2.8 ラッカセイ（乾燥豆）の成分（可食部 100g 当り）

エネルギー	水分	たんぱく質	脂質	炭水化物		灰分	無機質		ビタミン					コレステロール
				糖質	繊維		Ca	Fe	B_1	B_2	ナイアシン	E		
kcal	g						mg							
561	6.2	25.4	47.4	15.9	2.9	2.2	50	1.6	0.85	0.10	17.0	12.2		0

脂肪酸総量 g	脂肪酸組成（％）										
	飽和	不飽和		パルミチン酸	パルミトレイン酸	ステアリン酸	オレイン酸	リノール酸	リノレン酸	アラキジン酸	イコセン酸	ベヘン酸	リグノセリン酸
		一価	多価										
46.2	18.8	49.8	31.4	9.5	0.1	2.9	48.2	31.2	0.2	1.5	1.5	3.2	1.7

四訂日本食品標準成分表（科学技術庁資源調査会編）による．

収穫時期と食味

　ラッカセイの食味は，独特の風味とともに，甘さの多少が大きく影響し，甘さの多いものほど食味の評価は高い．この甘さはショ糖（スクロース）によるもので，その多少は品種による違いもあるが，栽培条件によって大きく異なる．子実が肥大するにつれて，乾物当りのショ糖含有率は次第に低下し，収穫時期が遅れるほどショ糖は少なくなる．過熟になった子実の種皮色は，光沢がなくなり，黒褐色のシミが出るなど外観品質も低下するため，品質・食味の上からも適期の収穫が大切となる．

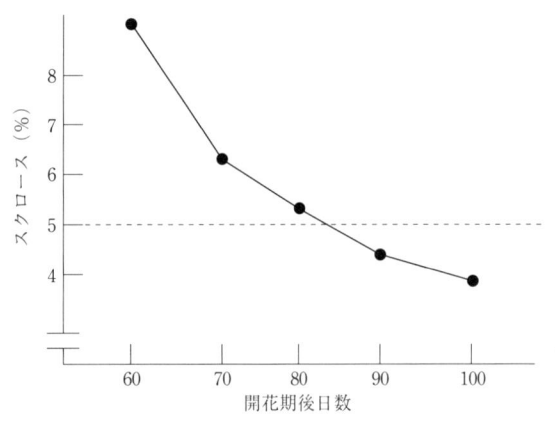

図 2.2　開花期後日数とスクロースの変化（屋敷ら，1980）
　　　品種：ナカテユタカ

（鈴木一男）

3. 栄養・機能

本章では,まずダイズが本来持っている成分のうち栄養に関係する部分とラッカセイの栄養について記し,ついで最近注目されているダイズの生理機能についてやや詳しく説明することとする.

3.1 ダイズの栄養

ダイズはたんぱく質を40％内外,脂質を20％内外含む一方,食物繊維,無機成分,さらにビタミン類に富み,栄養的に極めて優れた豆ということができる.ただダイズは組織が硬く,かつ生理的に有害な成分を含むので加熱や発酵加工を行って組織を軟化させ,かつ有害成分を無害化させる必要がある.古来食用されてきた種々の大豆食品は以上の目的を十分果たしている(表1.2参照).

1) たんぱく質

成分組成の項でも述べたように,ダイズのたんぱく質はアミノ酸組成が栄養的にバランスがよく,特にリジンに富むが,含硫アミノ酸がやや不足している.したがって乳幼児にとって多少問題はあるが,成人にとっては動物性たんぱく質とほぼ同等の栄養価を持つとされている.また,コメなどとの組み合わせは両者の不足アミノ酸を互いに補うこともあって合理的とされている.

最近ダイズのたんぱく質が血中コレステロール値を低下させることが確認され,その作用について研究が行われている.

なお,元来たんぱく質の栄養価は構成アミノ酸の種類と量によって決まるとされているが,最近消化管で分解されて生ずるペプチド類が腸管を通じて吸収され,生理活性を示すことが明らかにされつつある.

2) 炭水化物

ダイズ中には登熟(とうじゅく)(開花後,実ってゆくこと)中にでんぷんが生成

するが, 完熟するとほぼ消失する. 炭水化物としてはショ糖（スクロース）の他にスタキオース, ラフィノース, ベルバスコースなどのオリゴ糖が10％内外含まれる. また, ペクチン, アラビノガラクタン, セルロースなど可溶性あるいは不溶性多糖が子葉および種皮に存在している. これらの中でショ糖は5％含まれ, エネルギー源として利用される. しかし, オリゴ糖, 多糖はほとんど分解, 利用されることはない. スタキオース（グルコース1分子, フルクトース1分子, ガラクトース2分子が結合したもの. 約4％含まれる), ラフィノース（グルコース1分子, フルクトース1分子, ガラクトース1分子が結合したもの. 約1％含まれる）などのオリゴ糖は一方で鼓腸成分として嫌われているが, 最近は腸内のビフィズス菌増殖因子として注目されている. この種のオリゴ糖を含め難消化性成分は食物繊維という言葉でまとめられており, セルロース, ヘミセルロースのような不溶性多糖類やオリゴ糖, ペクチン質などの水溶性成分が含まれる. 食物繊維は血清コレステロール, トリグリセリド（中性脂肪）上昇抑制作用など種々の生理的有効作用を持っている. ダイズ中の食物繊維の推定量は, 科学技術庁によると国産ダイズで100g中17.1gとされている.

3) 脂 質

脂質の大半を占める脂肪の構成脂肪酸中, ダイズの場合リノール酸, リノレン酸などの不飽和脂肪酸の多いことがその特長とされているが, これらは栄養的に必須とされており, また従来から血管中のコレステロールの沈着を防ぐ効果があるとされている. リノール酸, リノレン酸のように二重結合を2～3個有する多価不飽和脂肪酸は体内で酸化され, 過酸化脂質を生成し, このものが生体に対して有害に働くとされている. このため酸化抑制物質, 例えばビタミンE特にα-トコフェロールの摂取が有効とされている.

油脂に溶けているビタミン類（脂溶性ビタミン）としてビタミンE（トコフェロール）の他にカロテン（プロビタミンA）が含まれる. ト

コフェロールには α, β, γ, δ があり,そのうち γ が60％で最も多く,β はごく少ない.上記のように大豆油中に共存していれば脂肪酸の酸化防止の作用が期待できる.

レシチンは,ダイズ中には油に溶けた形で存在している.レシチン(ホスファチジルコリン)は脂肪酸のグリセリドにリンおよびアミンが結合したもので,両者を合わせて2～3％含まれる.レシチンは大豆油製造の際,精製工程で分離され,製菓用,医薬用などに用いられる.また健康補助食品としても市販されている.その生理作用が明らかにされつつあり,これについては生理機能の項に記されている.

4) その他の成分

① 水溶性ビタミン

ダイズ中に含まれる水溶性ビタミン類としてはビタミン B_1, B_2, ナイアシンがある.ビタミン B_1 は加熱により一部分解されるほか,いずれも水溶性であるためダイズの加工中にそのまま製品に移行せず,流失する場合がある.例えば味噌製造中に B_1 はかなり分解し,また,もめん豆腐製造中に B_1, B_2,ナイアシンの一部は「ゆ」(上澄み)中に失われる.

② 色 素 類

ダイズ中にはカロテン(カロチン)のように油溶性の色素が含まれるが,ビタミンA効力としてはゼロである.水溶性色素としてダイジン(daidzin),ゲニスチン(genistin)と呼ばれるフラボノイド色素がある.このものはグルコースと結合した配糖体として存在するが,分解してダイゼイン(daidzein),ゲニステイン(genistein)になると,のどごしを悪くする不快味が顕著になるとされている.また,これらの化合物の構造が女性ホルモンであるエストロゲン類と類似していることから種々の生理的有効作用が認められているが,これについては生理機能の項で述べられている.

③ サ ポ ニ ン

ダイズ中に含まれるステロイド配糖体で，大部分は子葉中に含まれるが，胚軸(はいじく)中には高い濃度で存在する．ステロールまたはトリテルペンがラクトース，グルコース，ラムノースなどの糖と結合して配糖体となっている．水溶性で苦味，収斂味(しゅうれんみ)を有し，甲状腺腫をひきおこす有害物質であるが，最近では抗脂血，抗酸化，抗コレステロール作用などが認められている．これについては生理機能の項に記されている．

④ 無機成分

ダイズ中にはいわゆる"灰分"として5％近く含まれており，白米，小麦粉の10倍以上である．なかでもカリウムが特に多く，またカルシウム，リンもかなり含まれる．リンは前記レシチンの構成成分であるほか，フィチン酸に含まれる．フィチン酸はイノシトールにリン6原子が結合しており，生体中で無機塩と結合してこれを無効化したり，たんぱく質と結合して栄養効果を低下させるといわれている．

（渡辺篤二）

3.2 ラッカセイの栄養

1) 脂　　質

ラッカセイは脂質が約50％，たんぱく質が25％含まれている高脂質・高たんぱくの極めて優良な食品である．

脂質の脂肪酸組成からみると，飽和脂肪酸は約20％，不飽和脂肪酸が約80％と大部分が不飽和脂肪酸である．脂肪酸の中で最も多いものはオレイン酸で，機能面からみると，動脈壁にコレステロールを蓄積させるため，悪玉のコレステロールといわれるLDL（低比重リポたんぱく）のみを減少させ，コレステロールの蓄積を防ぐ作用のあるHDL（高比重リポたんぱく）を減らすことはないため，動脈硬化の予防効果がある．また，オレイン酸は多価不飽和脂肪酸に比べて酸化しにくいため，オレイン酸含有率の高いものは酸化に

よる品質の低下が少なく,商品の品質保持の効果が高い.

一方,多価不飽和脂肪酸は,体内では合成できないため,食物から摂取する必要があるが,ラッカセイにはリノール酸,リノレン酸が含まれている.

リノール酸は血清コレステロールや血圧低下の作用があり,体内でγ-リノレン酸,アラキドン酸を経てプロスタグランジンに合成され,血小板の凝集や動脈壁の弛緩・収縮,血液の粘度などの調節作用を行っている.

リノレン酸は脳や視神経系の維持に重要な関わりを持っているとされ,体内でリノレン酸から合成されるイコサペンタエン酸やドコサヘキサエン酸は脳梗塞や心筋梗塞などの血栓症の予防効果がある.

なお脂質は多いが,動脈硬化の原因とされるコレステロールは含まれていない.

2) たんぱく質

ラッカセイに含まれるたんぱく質はロイシン,リジン,バリン,トリプトファンなどで,ほとんどの必須アミノ酸が含まれており,ダイズが畑の肉と呼ばれるのと同様,穀類では不足しがちなたんぱく質を補うことができる.

3) 炭水化物

炭水化物は約20%含まれていて,粗繊維3%のほか糖質にも難消化性の食物繊維が多く含まれている.食物繊維は,食生活の変化により日本でも最近増えている大腸がんの予防のほか,コレステロールを体外に排泄することから,動脈硬化,心臓病や肥満の予防効果もある.

4) その他の成分

ラッカセイに多く含まれるビタミンはB群とEである.

ビタミンEは,一般にはトコフェロールと呼ばれ,老化防止のビタミンといわれている.体内の脂質は,呼吸で取り込まれて一部が活性化した酸素(活性酸素)と反応してフリーラジカルを生成し,

細胞組織にダメージを与え，老化や細胞のがん化を進行させる．ビタミンEは人間の細胞膜や体脂肪の酸化・分解を抑える作用（抗酸化作用）があり，過酸化脂質の増加を防ぎ，細胞膜の働きを円滑にし様々な老化現象の防止やがん予防の効果がある．ビタミンEも必須脂肪酸と同様に，体内では合成されないため食物からとる必要がある．

無機成分（ミネラル）は，生命の維持に不可欠であるほか，老化やがんおよびその他の成人病の予防に効果がある．ラッカセイには，食物からとりにくいカルシウムや鉄分が多く含まれる．

（鈴木一男）

3.3 ダイズの生理機能

1) 生理的有害成分

ダイズトリプシンインヒビター（soybean trypsin inhibitor）

多くの動植物がたんぱく質分解酵素に対する阻害作用をもつ物質を含んでいることは割合早くから知られており，ことにダイズに含まれているトリプシンインヒビター（STI）活性については，1944年，HamとSandstedtおよびBowmanによってそれぞれ独立に見出され，1946年にはKunitzがその結晶化に成功している．さらに翌1947年にはSTIとトリプシンとの複合体の結晶も分離され，このものは両者が1モル対1モルの比率で結合していることが明らかにされている．さらに1946年，Bowmanによってダイズに全く別種のインヒビターの存在することが見出され，Bowman-Birkインヒビター（BBI）と呼ばれている．これらのアミノ酸配列，作用機作なども詳細に研究され，BBIはSTIと異なりトリプシンのみならずキモトリプシンの作用をも阻害することが知られている．この場合トリプシンと複合体を形成して，その酵素活性を阻害しているBBI-トリプシン結合物は，さらにキモトリプシンに対して阻害性を示すので，BBI中のトリプシンおよびキモトリプシンとの

反応部位は異なるものとされている．

インヒビターの活性中心から分類してみると，STI はアルギニニンインヒビターに属し，一方 BBI の方はリジンインヒビターに属する．なお，マメ類にはこの種のプロテアーゼインヒビターを含むものが多いが，ライマメ，エンドウ，シロインゲンマメ，黒豆（黒大豆），ブラックマッペ（ケツルアズキ）などのインヒビターはリジンインヒビターに属している．

生ダイズ粉をネズミに唯一のたんぱく質源として与えてみると，数日後には，盲腸肥大によって苦悶死する場合も出てくる．これは飼料中のたんぱく質が十分に分解されないで小腸から大腸に送られるため，大腸内でアミン物質など毒性のある分解物が生成することによるものであろう．豆乳飲料が多量に市販された時，豆乳中のインヒビターの残存活性が問題となったのもこのような点が危惧されたからである．実際には 100℃，20 分程度の加熱によって，阻害活性は失われたり，著しく活性が低下するので，加熱調理を経たマメ類加工品についてはそのトリプシンインヒビター活性を心配する必要はない．この点からみても，我々がダイズを利用する場合，決して生ダイズを食べないで，必ず加熱して利用することは理にかなった調理行動であろう．

2) 生理的有効成分と機能

最近では食品に含まれている生理活性物質に関する研究が盛んになり，マメ類についても多くの研究成果が公にされている．特にダイズの生理活性物質に関するものが多く，厚生労働省が栄養改善法に基づいて特定保健用食品制度を設け，現在まで 100 食品以上に表示許可を与えているが，ダイズのたんぱく質あるいはオリゴ糖，イソフラボンなどを基本成分とする食品であり，ダイズがいかに生理活性物質を豊富に含有しているかを知らされる．

さらに昔から黒豆の煮汁を飲むと，声が良くなるとか，咳が止まるとか民間伝承的にその効用が伝えられてきたが，最近話題になっ

ているフレンチパラドックス（後述）に刺激された多くの研究によって，アズキ，黒豆などのでんぷんマメ類に含まれているポリフェノール性の色素などが，やはり生理活性効果を産み出していることが明らかにされつつある．

ダイズは畑の肉と称され，動物性たんぱく質をあまり利用できなかった日本人にとって，穀物食のたんぱく質栄養の欠点を補って健康維持に大きく貢献してきたことは今さら論ずるまでもないことであろう．また「油断大敵」と叫びながら，ほとんど油脂類を摂取できなかった過去の日本人にとって必須脂肪酸の給源となったのもダイズであった．さらにビタミン B_1 の給源としても貢献してきた．このような基本的栄養素の給源としてのダイズについては栄養の項で触れられているので，ここでは最近話題となっている生理活性物質を取り上げる．

① 血漿コレステロール低下作用

1950年代にアメリカで食生活の違いによって心臓病の発症率に差のあることが見出され，特に食事から摂取される飽和脂肪酸と不飽和脂肪酸の量比がこの現象を支配していることが次第に明らかとなってきた．1960年代になり，飽和脂肪酸としてはパルミチン酸，ミリスチン酸およびラウリン酸が関係し，不飽和脂肪酸としてはリノール酸が影響することが明らかとなり，Keys らは簡単に，前者1単位が上昇させるコレステロール量を＋2，後者が下げる量を－1と計算した．その後 Hegsted らは，さらに詳細な数値を出し，最近ではステアリン酸，オレイン酸の効果，ラウリン酸の高いコレステロール上昇効果なども言われているが，ほぼ Keys の出した係数を基本的数値として考えることができよう．

大豆油に含まれるパルミチン酸量は 2.3〜10.6% であるのに対し，リノール酸量は 49.2〜51.2% と圧倒的にリノール酸の多い植物油脂である．リノール酸リッチな大豆油の利用が血漿コレステロール値を低下する効果のあることは明らかであり，アメリカで健康食品と

して大豆製品が利用されたのは当然であろう．

わが国でも昔からたんぱく質源としてダイズが豊富に利用されてきたが，同時にこのリノール酸の効果によって心臓病の多発を防ぐこともできたと考えられる．しかし，ダイズの心臓病予防効果を単にリノール酸のみによるものと考えるのは早計である．他の因子も関与している可能性があり，この面からの研究も多く行われてきた．

たんぱく質：既に80余年前に，動物性たんぱく質とくにカゼインを動物に与えた場合に比べて，植物性たんぱく質とくにダイズたんぱく質を与えた場合，血清コレステロール値が低下することがIgnatowskyによって指摘されている．この点について1970年代アメリカの脂質栄養学者Kritchevskyらも追試し，飼料中のたんぱく質および繊維が強い影響因子であることを報告している．

1975年にCarrollらは，ウサギに各種たんぱく質源飼料を与え，植物性たんぱく質源の場合に血漿コレステロール値の低下すること

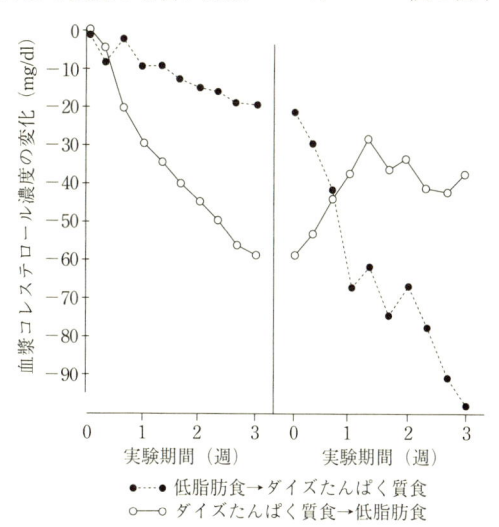

図3.1 高脂血症患者（II型）の血漿コレステロール濃度に及ぼすダイズたんぱく質の影響
(C. R. Sirtori *et al.*, 1979)

を明らかにしている．また1979年Sirtoriらは，高コレステロール血症患者に分離大豆たんぱくを与えた場合，低脂肪食で得られるよりも顕著なコレステロール低下効果の出ることを報告し（図3.1），このダイズたんぱく質のコレステロール低下作用が注目を浴びるようになってきた．

たんぱく質が体内で消化された場合に生成する短鎖長のポリペプチドの構造がこの効果に関与していることも報告されている．また，カゼインおよびダイズたんぱく質を加水分解して得られるアミノ酸混合物で比較しても，ダイズ分解物の方がコレステロールの低下が著しいことが報告され，両者のアミノ酸組成を比較したところ，大きな差のあるアミノ酸としてはプロリン，グリシン，アラニン，メチオニン，アルギニンおよびアスパラギン酸であり，ダイズにはメチオニンが少ないにもかかわらず，このメチオニンなどが関与している可能性が示されている．さらにKritchevskyらは，リジン／アルギニン比が影響するとする説を出している．

サポニン：ダイズを加工している時，その洗液が泡立つことはよく見られる現象であるが，この泡立ちの原因はダイズに含まれているサポニンによるものである．サポニンは本来ステロールあるいはトリテルペンの配糖体であり（図3.2），糖を分離したものがサポゲニンと呼ばれる．ダイズには5種類のサポゲニンの構造が明らかにされているが，他のサポゲニンも少量存在する．これらに結合している糖にはガラクトース，アラビノース，ラムノース，キシロースなどのほか，グルクロン酸も見出されている．このサポニンは強い界面活性作用を示すので，水中で泡立つ特性がある．

サポニンのコレステロール低下作用は1957年，アメリカのKummerow一派によって見出され，大阪大学の北川教授らによって過酸化脂質生成抑制作用なども明らかにされた．さらに近年，東北大学の大久保教授らによってその他の生理活性作用が次々に明らかにされている．

I.

II.

III.

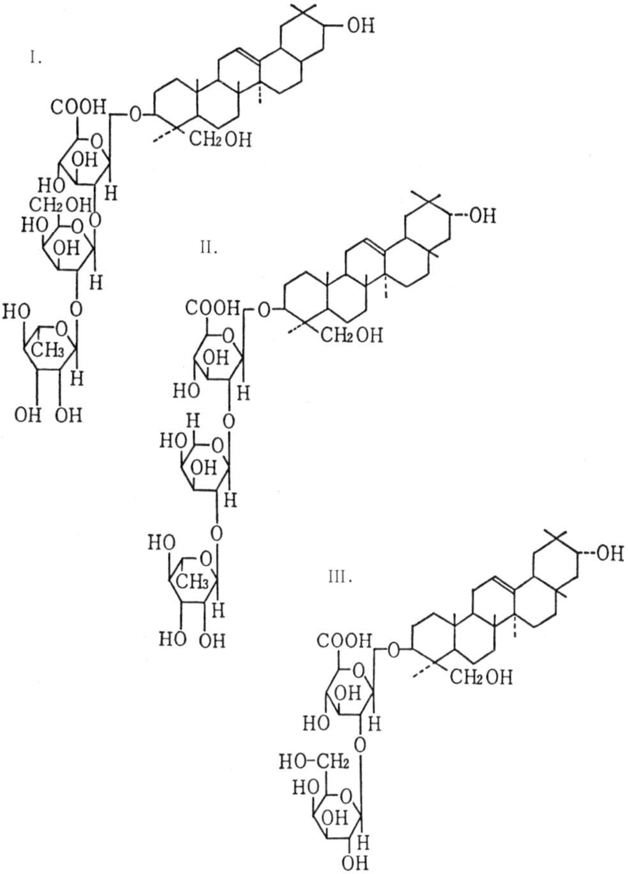

図 3.2 ダイズサポニンの構造式

ただし，サポニンには溶血作用あるいは抗甲状腺作用もあるので，この点にも注意する必要があろう．

なお，サポニンはダイズの他にアズキなどにも含まれる．

レシチン：かつては大豆油を調理に利用すると加熱時に泡立ったものであるが，これは精製度の低い食用油には先に述べたサポニンとかレシチンなどの物質が含まれていて泡立ち現象を起こしたもの

である．最近の精製食用油では，このような成分は分離精製されているので，泡立つことはない．

このレシチンはリン脂質に分類され，1分子のグリセロール，2分子の脂肪酸，リン酸およびコリンと呼ばれる塩基成分それぞれ1分子の5個の基本化合物から出来ている．水に親しみやすい分子と逆に脂肪に親しみやすい分子とが一つのレシチン中に混在しているので，水と油を引きつける作用があり，マヨネーズなどはこのレシチンの作用で水と油が一体となった食品である．

また，レシチンは我々の細胞膜，血球膜のような膜構造ではレシチン分子が2分子フィルム状に並んで膜を作っており，極めて重要な物質である．このレシチンにも血漿コレステロール低下機能が認められている．

レシチンに含まれるコリンは神経系の重要な刺激伝達物質であり，不足から視神経および神経細胞の働きが低下し，ボケ現象につながることも知られており，レシチンを含むダイズはコリンの補給に優れた食品といえる．

② その他の生理活性作用

最近の生理活性機能に関する研究で，ダイズにも多くの機能のあることが明らかにされているが，特に近年わかってきたことを挙げると次のようなものがある．

ダイズ摂取とがん予防：ダイズ利用の盛んな地域で，大腸がんおよび乳がん，卵巣がん，子宮内膜がんなどのエストロゲン関連がんの発症が少ないことが疫学的に証明されている．女性ホルモンの一種であるエストロゲンとダイズに含まれるイソフラボン類の構造が類似することから，イソフラボン類がエストロゲン様作用を発揮しているものと推定されている．欧米諸国でのこれら各種がんの罹患率をわが国の統計と比較してみると，結腸がんではアメリカ白人の1/2，子宮体がん，卵巣がんなどの値はフィンランド人，アメリカ白人の1/3程度であり，乳がんでは1/3〜1/5と圧倒的に低い値で

ある．

尿中に排泄されるゲニステイン，ダイゼインなどのイソフラボン類およびその代謝物量を欧米人と比較した値があるが，日本人の場合，当然ながら高い値を示している．

イソフラボンは特にダイズ胚軸中に多く含まれている．きなこを摂取した時のダイゼイン，ゲニステインの血中濃度の変化を図 3.3 に示した．

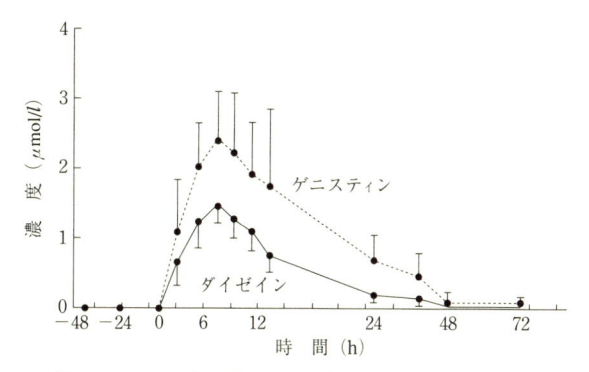

図 3.3 きなこ摂取後の血中ダイゼイン，ゲニステイン濃度の変化（渡辺，1998）

女性ホルモン作用：イソフラボンは抗がん作用のほか，最近では，その女性ホルモン作用に関する研究も多い．この方面の研究は 1970 年代に Biggers らによって報告されたのが始まりであり，最近ではイソフラボンは厚生省の特定保健用食品としても認定されている．

Bickoff らはイソフラボンの女性ホルモン作用を 17β-エストラジオールなどの女性ホルモンと比較すると，その作用は約 1/100,000 程度と比較的弱いが，女性ホルモンが過剰な場合にはイソフラボンが女性ホルモンの受容体としての作用を発揮し，女性ホルモンの拮抗剤として働くことを見出した．このことは，更年期などで低下する女性ホルモンの作用をダイズを食べることによりそのイ

ソフラボンが補い，逆に過剰な女性ホルモン量により発がんのリスクの高まる時には，その拮抗剤として過剰分を捕捉する作用を果たしていることになり，各種の女性ホルモン関連の疾病のコントロールに働くことが考えられる．

易自然発症性高血圧ラット（SHR-SP）の卵巣を摘出すると容易に更年期と同様な状態にすることができる．この場合，骨からカルシウムが抜け出てくる時たんぱく質も分解するため尿中にその分解物であるピリジノリンやデオキシピリジノリンなどが排泄されるが，イソフラボンを与えた場合にはこのような物質の尿中増量はみられず，骨からカルシウムの抜け出る現象を抑えていることが明らかとなった．

実際ヒトに対するイソフラボン投与によって骨密度および骨強度の低下を抑制することが認められている．また更年期女性についての実験で，骨吸収を抑えることが証明されている（図3.4）．

牛乳消費量が北欧酪農国の1/10程度であるにもかかわらず，わが国では骨粗鬆症による代表的な疾病である大腿骨骨折の発症率が著しく低い現象も，大豆食品を多く摂取していることによるカバー現象と考えられ，最近ではフランスにおける心臓病発症と赤ワインとの関連を「フレンチパラドックス」と呼ぶように，わが国でカルシウム摂取が少ないにもかかわらず，骨折などが少なく骨の健康状態が良好であることを「ジャパンパラドックス」と呼ぶ場合もある．

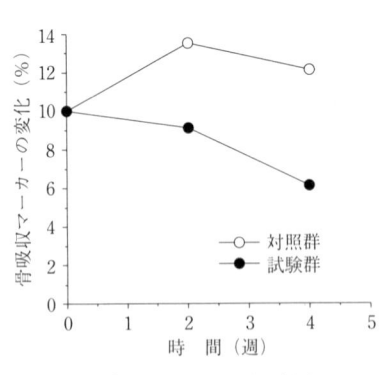

図3.4 ダイズイソフラボン摂取による閉経後女性の骨吸収マーカー（ピリジノリン量）の低下
（植杉，1998）

さらにSHR-SPラット

を用いた実験でイソフラボンが血圧および血漿コレステロールを低下させることも明らかにされている．ヒトにおける実験でも，イソフラボンの摂取が収縮期血圧を有意に低下させることが認められている（図3.5）．

このような効果が実証され，先に述べたように厚生省からイソフラボンは特定保健用食品としての許可が出たものである．最近ではこのイソフラボンの多いダイズ胚軸を分離して製品にする工夫がなされているが，このものは必ずしも美味でないため，発酵過程を加えたり，各種の加工法を加えて効果を高め，味を良くする方法なども行われている．

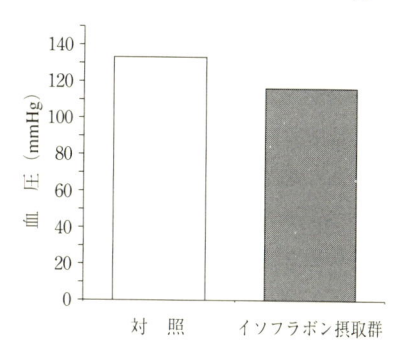

図3.5 日本人女性の収縮期血圧に対するイソフラボンの作用
（植杉，1998）

納豆とビタミン K_2：従来から納豆利用の少ない西日本に比較して，利用の多い東日本では骨粗鬆症の発症率が低く，大腿骨頸部骨折の発症頻度も西高東低であることが疫学的調査で明らかになった．

ビタミン K が骨形成に関与していることは，1960 年に Bouckaert らによってはじめて報告された．カルシウムを骨組織に沈着させる時にオステオカルシンと呼ばれるたんぱく質が働くが，この物質を骨芽細胞が合成する時にビタミン K が必要であることがわかったのである．

ビタミン K には植物に含まれる K_1 と微生物が合成する K_2 の二者がよく知られ，血液凝固に関与するビタミンとして発見されたが，ビタミン K 依存性たんぱく質の γ-カルボキシル化の際，補酵素として働くことで血液凝固に関わっている．

ダイズにはビタミン K_1 がわずかに存在しているだけであるが，納豆中にはビタミン K_2（メナキノン）が多量に含まれる．γ-カルボ

表 3.1 食品中のビタミン K 濃度

食　品	ビタミン K 濃度 (ng/g or ml)						
	VK$_1$	VK$_2$					
		MK-4	MK-5	MK-6	MK-7	MK-8	MK-9
サラダ油	1,479	…	…	…	…	…	…
ホウレンソウ（葉）	4,785	…	…	…	…	…	…
ブロッコリー	2,050	…	…	57	…	…	…
アオノリ	36	…	…	1.5	38	…	…
アマノリ	13,854	…	…	…	…	…	…
コ　メ	1.4	…	…	…	…	…	…
ダイズ	368	…	…	…	…	…	…
コンブ	663	…	…	8.7	…	…	…
納　豆	100	13	89	330	8,636	96	…
味噌（乾燥）	111	8.2	8.1	2.9	20	5.9	…

…は検出せず． (板野ら，1988)

キシル化に対しては K$_1$ も K$_2$ も同様な効果を示すが，骨形成の促進効果は K$_2$ が優れ，K$_2$ はまた破骨細胞による骨吸収を抑制するので，全体として骨代謝に対する作用ではビタミン K$_2$ の方が効果の高いことが証明されている．骨粗鬆症の治療薬としてはメナキノン-4 (MK-4) が利用されているが，納豆に多い MK-7 も骨組織中のカルシウム量を増加させることが明らかにされている．

また，血液中のビタミン K の濃度を測定してみると，骨粗鬆症の人とそうでない人の場合 K$_1$ 量にはあまり差が認められないが，K$_2$ 量は非骨粗鬆症者の方が高いという報告がある．日本では血中 K$_2$ 量が西低東高の傾向がみられ，イギリス女性と東京の女性とを比較してみると，K$_2$ 量は 1：15 程度の差が観察されている．このため先のイソフラボンと共に K$_2$ についても最近ではジャパンパラドックスと考えられ，カルシウム摂取の割合低いわが国で骨折発症率の低い理由としてビタミン K の摂取が挙げられている．

色素成分の生理活性：食品に含まれる特殊生理効果をもつ成分はフードファクターとも呼ばれている．フードファクターのうち色素に関しては，カロテノイド類に関する研究が先行し，その他の色素

についての研究がその後を追う形になっている．各植物性食品に含まれる色素成分としてのポリフェノール類についての研究は以前から数多く行われてきたが，最近ではこれらポリフェノール類の生理効果に関する研究が盛んになった．ポリフェノールの生理活性効果に関する研究はアメリカ国立がんセンター（NCI）が行ったデザイナーフーズ研究や，フランスにおけるフレンチパラドックス研究に端を発した赤ワインに含まれる色素研究などが刺激となって盛んになったようである．図3.6にも示したように，このデザイナーフーズ研究ではセリ科植物などの抗がん性物質に関する研究が行われたが，その中には重要な材料としてダイズも加えられている．

大気中に生存している生物は酸素を含む空気を吸って呼吸し，酸素のおかげで生存しているわけであるが，この酸素はまた場合によっては生物の大敵でもある．それは安定型の酸素とは異なった活性型あるいは暴れんぼう型の酸素というものも存在し，このものが生物に害を与えている．生物の方もこの暴れんぼう酸素に対抗する手

デザイナーフーズ・リスト

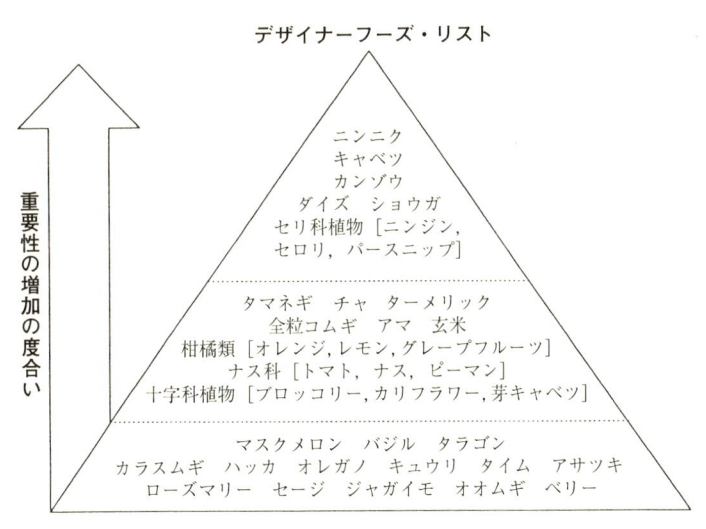

重要性の増加の度合い

ニンニク
キャベツ
カンゾウ
ダイズ　ショウガ
セリ科植物［ニンジン，セロリ，パースニップ］

タマネギ　チャ　ターメリック
全粒コムギ　アマ　玄米
柑橘類［オレンジ，レモン，グレープフルーツ］
ナス科［トマト，ナス，ピーマン］
十字科植物［ブロッコリー，カリフラワー，芽キャベツ］

マスクメロン　バジル　タラゴン
カラスムギ　ハッカ　オレガノ　キュウリ　タイム　アサツキ
ローズマリー　セージ　ジャガイモ　オオムギ　ベリー

図 3.6　がん予防の可能性のある食品と抗がん寄与率のランキング

段をいくつも体内に準備してこれに対抗している．1969年にスーパーオキシドジスムターゼ（SOD）の存在が明らかになり，活性酸素（スーパーオキシドアニオン）を消去してその害作用を除くことが分かってから，生体内の活性酸素ラジカルの存在およびその消去の問題が大きく取り上げられるようになってきた．

活性酸素はストレス，虚血などの生理的な条件，あるいは光，大気汚染，放射線などの物理的環境，過食，薬物摂取，喫煙，過激な運動などの人間あるいは動物の側の条件によっても誘導される．現在種々の疾病の約80％は活性酸素ラジカルが誘因とも言われており，生活習慣病を予防するためには活性酸素種を体内からいち早く除去することが必要とされている．

マメ類についても，黒豆（黒大豆）のポリフェノール成分としてクリサンテミンが，またアズキの成分としてクリサンテミンとカリステフィンの存在が知られている．これらのアントシアニン色素は単体として含まれるだけではなく，プロアントシアニジンの形でもこれらマメ類に存在していることが多くの報告で明らかになっている．

有賀らはアズキからプロアントシアニジン二量体6種を分離同定し，さらに三量体群，四量体群，五量体群の分離をも行い，その抗酸化性について検討し，市販の天然抗酸化剤より抗酸化力が高いことを明らかにしている．

アズキ，黒豆に含まれているクリサンテミンのアグリコン（配糖体の糖にグリコシド結合でつながれている部分）であるシアニジンとカテキンは酸化物と還元物の関係にあり，マメ類でもその渋味の原因としてカテキンが関係しているので，赤ワインの場合同様に活性酸素除去活性を持つアントシアニンとカテキンの重合物の存在も推定でき，既に見出されているプロアントシアニジンと共にマメ類の抗酸化作用にも働いていることであろう．

（福場博保）

3.4 ラッカセイの生理機能

1) カビ毒など

ラッカセイは莢（さや）が地中にできることから，土壌中の各種微生物の汚染を受けやすい．特に人体にとって問題とされるものは，カビの一種の *Aspergillus flavus* によって作られるカビ毒の**アフラトキシン**である．

アフラトキシンは，1960 年にイギリスで大量のシチメンチョウが死亡した原因として有名であり，これはブラジルから輸入された飼料用のピーナッツミール（搾油かす）に *A. flavus* が繁殖していたためであった．

アフラトキシンは急性毒性のほか，発がん性が極めて強いため，食品や飼料に対する危険性は極めて大きい．

アフラトキシンの汚染は，作物の生育中から貯蔵や流通のあらゆる段階で生じる恐れがあり，ラッカセイの他にコメ，ムギ，トウモロコシ，ダイズなどの穀類やナッツ類に汚染がみられる．また，発生地域はインド，東南アジア，ブラジル，アメリカ，アフリカなど世界各地にわたっている．

国内産ラッカセイでのアフラトキシンによる汚染事故はこれまでなかったが，現在は多くのラッカセイが輸入されており，これらに対するアフラトキシン汚染のチェックには，今後も十分な注意が必要である．

また，不飽和脂肪酸の酸化によって生じる酸化物は動物に対してマイナスの生理的影響を与えるとされている．特に，リノール酸の酸化によって生じる酸化物の中には強い毒性を示すものもある．

2) 生理的有効成分

最近よく聞かれる「フレンチパラドックス」の理由を調べてみると，フランス人がよく飲む赤ワインの中に心臓病―動脈硬化―を予防する物質が含まれていることが分かった．この物質は**ポリフェノ**

ール類と呼ばれるもので,ブドウの皮や種に含まれており,皮や種を除いて作られる白ワインには少ない.

ポリフェノール類は,LDL-コレステロールの酸化を抑制する抗酸化作用をもち,酸化された LDL-コレステロールによって引き起こされる動脈硬化を防ぐ働きがある.

ラッカセイにもレスベラトロールというポリフェノールが多く含まれており,赤ワイン同様心臓病の予防効果が期待される.

なお,ポリフェノール類はがん予防の効果も高いとされ,緑茶・紅茶,コーヒー,ココアなどにも多く含まれている.

(鈴木一男)

マメ類の健康へのかかわり 2

マメ類の成分として食物繊維についで注目されるのが灰分すなわち無機質(ミネラル)です.無機質にはカルシウム,カリウム,ナトリウム,リン,鉄などが含まれますが,いずれも人間の体の代謝に重要な役割を果たしており,マメ類は白米,小麦粉に比べ 4〜5 倍の無機質を含んでいます.

マメ類はまたビタミン類,特に B 群を豊富に含んでいます.ビタミン B_1 は脚気防止のほか,でんぷん,糖類の代謝になくてはならない成分です.ビタミン B_2,ナイアシンも欠くことのできない大切なビタミンです.これら B 群のビタミンはいずれも白米,小麦粉に比べて 2 倍から 10 倍量含まれています.またエンドウ,ソラマメなど緑色の豆はカロテンを含み,ビタミン A 効果を示します.

マメ類は,このほかサポニンを含むものが多く,このものはコレステロール低下作用や抗酸化作用を持ち,老化防止の効果があることが最近認められています.ダイズ中にはイソフラボンに属する黄色色素が含まれ,これにもコレステロール低下効果や制がん作用あるいは骨粗しょう症予防効果があります.またダイズ,エンドウなどに含まれるレシチンもコレステロール低下,動脈硬化防止効果を持っています.

4. 調理への利用

　たんぱく質含量の高い豆類にはダイズ，ラッカセイなどがあり，煮豆，煎り豆，ゆで豆，豆ご飯，汁物，和え物などに利用される．ダイズは納豆，豆腐，豆腐加工品，味噌，醬油，油抽出などに，また，ラッカセイは菓子，味噌，醬油，バターピーナッツ，油抽出など多様に利用される．さらに，ダイズの種皮色は白色，淡黄色，黒色（黒豆），緑色（青豆），茶色（茶豆）に区別され，それぞれに調理・加工における利用は異なる．ダイズは生豆また乾燥豆が利用されているが，未熟豆はエダマメ（枝豆）と呼ばれ野菜として利用されており，成熟豆と区別している．

4.1 煮　豆　類

　たんぱく質を主成分とするダイズ，ラッカセイの煮豆の調理上の留意点は，でんぷんを主成分とするマメ類とほぼ同様であり，洗浄，水浸漬，吸水，加熱，調味，調味液浸漬などの調理操作を経て調製される．一般的な調理方法は以下の4種類である．

　① 45℃前後の水，あるいは0.5%の食塩水に4時間浸漬し，浸漬液の中で30分間加熱後，調味料を加えて汁気のなくなるまで煮詰める．
　② 予め塩，砂糖などを含む調味液に浸漬してそのまま加熱する．
　③ 重曹液で加熱処理し，水で洗浄後，調味液中で加熱する．
　④ 5〜6時間の水浸漬処理後に加熱する．

　一般には豆を軟らかくゆであげた後に，砂糖を加えることが多いが，この方法では豆が煮崩れを生じやすい欠点がある．また，冷却する前に空気に触れさせると，豆の硬化あるいは種皮部裂開が起こる．

　砂糖を大量に用いて甘く仕上げたい時は，水煮豆をまず低濃度の

砂糖液に浸漬し, 短時間煮熟(しゃじゅく)後, 豆を取り出し煮汁だけ煮詰めて豆と同温まで冷却し, その中に再び豆を入れて調味料を浸透させる. この操作を繰り返すことにより, 豆の糖濃度を上昇させ, 豆に調味料を徐々に浸透させることができる. この操作は豆の浸透圧を急激に上昇させることなく豆に甘味を浸透させるので, 煮豆は甘味が強く, しかも軟らかいものに仕上がる.

1) 黒大豆の煮物 (黒豆)

豆の3～5倍量の水に約5～8時間浸漬処理後, 調味のために砂糖と醬油を加え, 加熱・沸騰後, 弱火で豆が軟らかくなるまで加熱し, 室温まで冷却する. その後, 豆と煮汁に分け, 煮汁を半量まで煮詰めた後, 再び豆を煮汁に加えて一晩浸漬し, 一煮立ちさせる. このような操作を繰り返し, 好みの甘味に調整する. また, 豆を軟らかく煮た後に砂糖を加える場合には砂糖を2～3回に分けて加え, 最後に醬油を加えるようにする. 豆を煮る時には鉄鍋を使用したり, 古釘などを入れると黒色が鮮やかになるが, このことは黒色色素であるアントシアニンが難溶化することによる.

(材料 4人分:黒豆 1カップ, 砂糖 100g, 醬油 大サジ1, 水 適量, 塩 少々)

2) 五目煮豆

ダイズに根菜類やコンブなどを加えて煮たものである. ダイズは塩を加えた水に一晩浸漬後, 火にかけ加熱する. 沸騰したら差し水を2回行い, 途中でアクを除去しながら加熱し, 九分通り軟らかくなったら乱切りにしたニンジンとゴボウを加えて加熱を続け, 次にレンコン, コンニャク, コンブ (5mm角) を加え, 野菜が軟らかくなった時点で砂糖を加えさらに加熱する. 最後に醬油を加えて15～20分間弱火で加熱し豆に調味料を浸透させる. (ゴボウ, レンコンは予めアク抜きをしておく.)

(材料 4人分:ダイズ 1/2カップ, コンブ 10cm角1枚, ゴボウ・ニンジン 各1/2本, コンニャク 1/3本, 砂糖・醬油 適量)

3) 昆布豆

　ダイズは 3～4 倍量の水に一晩浸漬処理し，そのまま加熱する．吹きこぼれに注意しながら差し水を行い，豆が九分通り軟らかくなるまで弱火で煮る．そこで大きめに四角に切ったコンブを入れて，コンブが軟らかくなるまで加熱する（この時，豆が煮汁でひたひたに隠れる位に調整する）．その後，砂糖を加え，溶解後，醬油と塩を加え，15～20 分間弱火で加熱し，豆に調味料を浸透させる．

　（材料 4 人分：ダイズ 1 カップ，コンブ 10cm 角 1 枚，砂糖 1/2 ～1 カップ，醬油 大サジ 1，塩 小サジ 1）

4) ぶどう豆

　適量の水，醬油，砂糖を混ぜ沸騰させた中にダイズを入れ，ふたをして一晩放置する．その後強火で加熱し，沸騰後弱火にして，汁気のなくなるまで加熱する．また一方，ダイズを軟らかくなるまでゆで，砂糖を加え 40～50 分加熱後，醬油を加えて，沸騰したらすぐ火を止める．煮汁が多量の場合は，煮汁だけを別に加熱し濃度を上昇させ，それに豆を浸漬して調味料を浸透させることもある．

5) 座禅豆

　ダイズを黒砂糖と醬油で調味した煮豆である．僧侶が座禅を組むときに食べたことからこの名がある．ダイズを 3～4 倍量の水に一晩浸漬後，そのまま加熱する．吹きこぼれに注意しながら差し水を行い，弱火で煮た後，醬油と半量の黒砂糖を加え，弱火で静かに煮る．途中で残り半量の砂糖を加え，再び煮汁がほとんどなくなるまで加熱する．最後に煮汁を豆にからませる．

　（材料：ダイズ 1 カップに対して…醬油 大サジ 3～4，砂糖 大サジ 3～4）

6) ラッカセイの煮豆

　渋皮つきラッカセイを煮豆にしたものである．渋皮つきラッカセイを水浸漬処理後（6～10 時間）軟らかくなるまで煮る．その後，醬油と砂糖を加え，弱火で短時間加熱した後，加熱を停止して豆を煮

汁中に浸漬して調味料を浸透させる．

7) ダイズおよびラッカセイの塩ゆで

生豆は塩ゆでにしてご飯のおかずに，また間食にも用いられる．

4.2 煎り豆・揚げ豆

1) 煎 り 豆

ダイズの最も素朴な食べ方であり，これは結果的にはダイズに含まれるトリプシンインヒビターを不活性化させることになり，消化が良くなる．水で洗浄したダイズまたは汚れを布巾で拭き取ったダイズをフライパンやほうろく鍋で焦げ茶色になるまで（約10分）弱火で煎る．そのまま間食に用いる．また，煎り豆に塩で味付けし，塩豆にもする．ラッカセイの煎り豆もダイズ同様に調理する．

2) 鉄火味噌など

煎りダイズを刻みゴボウやトウガラシと共に赤味噌で練りあげたものである．その他細かく刻んだスルメなどを加えることもある．松の実や麻の実を混ぜると風味が増すとされている．

煎りラッカセイは煎りダイズと同様に味噌をからめて，ラッカセイ味噌にしておかずに，また水あめ，砂糖，生味噌をからめた渋皮つきの甘い味噌ラッカセイは間食やビールのつまみに適している．

3) 醤 油 豆

煎り豆を醤油に浸漬し，醤油の風味をしみ込ませたもので，ご飯のおかずや酒の肴，また保存食に利用される．醤油，砂糖，トウガラシの輪切り，コンブ，適量の水を一煮立ちさせた調味液の中に，煎りたての熱い豆を入れ，ふた付き容器に入れて一昼夜以上，味を浸透させる．好みにより酢を加えることもある．

（材料：ダイズ 2カップ，醤油 2カップ，砂糖 大サジ2，トウガラシ 1本，コンブ 適量，水 適量）

4) フライドビーンズ

ダイズを一晩水浸漬処理後，水気をよく拭き取り，そのまま，ま

たは小麦粉をまぶし，低温の油でゆっくり揚げたものである．このままでも食べるが，黒砂糖，水，サラダ油を煮溶かし，この中に揚げたてのダイズを入れて砂糖まぶしにしたり，また，練り味噌と混ぜてご飯のおかずにも利用する．

4.3 酢豆・ひたし豆

1) 酢　　　豆

青豆（青大豆）を煮て，三杯酢に浸したものである．青豆を一晩水浸漬処理し，豆の3～6倍の湯に1％の塩を加えて硬めにゆで，冷却し，酢，醬油，酒，砂糖を混ぜた調味液中に入れて，豆に調味料を浸透させる．

2) ひ た し 豆

青豆を酢豆の調製と同様に水浸漬処理後ゆであげ，冷却後，煮汁に醬油，みりんを混ぜた調味液に浸漬して，豆に調味料を浸透させたものである．酢豆およびひたし豆は信越・東北地方の郷土料理である．

4.4 豆 ご 飯

1) 黒豆ご飯および黒豆おこわ

黒豆（黒大豆）を一晩塩水浸漬処理後，漬け汁中で九分通り（約30分）ゆであげる．鍋に洗浄したコメ，ゆでた黒豆，塩，適量の水を入れ，普通に炊く．黒豆おこわは黒豆入り白強飯で一般には不祝儀用であり，水浸漬処理したもち米にゆでた黒豆を混ぜて，赤飯同様に蒸して作る．

（材料 4人分：コメ 3カップ，黒大豆 1/2カップ，水 適量，塩 少々）

2) 大豆ご飯など

黒豆ご飯と同様にして作る．煎り大豆ご飯は煎りダイズをコメと混ぜ，番茶のほうじ汁，塩を加えて炊き上げたものである．

4.5 呉　汁

　ダイズは3倍量の水に一晩浸漬し，充分吸水させた後，すり鉢で磨砕しておく（ミキサーを用いてもよい）．鍋にだし汁，磨砕ダイズと皮をむき薄く輪切りにしたサトイモを入れ，ふたをしてふきこぼれに注意して加熱する．サトイモが軟らかくなったら溶いた味噌を加え沸騰させ，最後に小口切りのネギを入れる．煮すぎると口当りが悪くなるので注意する．また加熱中は時々鍋の底の方から混ぜ，焦げ付かないように注意する．

　（材料 4人分：乾燥ダイズ 1/2カップ，サトイモ 3個，だし汁 カップ 4〜5，味噌 70g，ネギ 適量）

4.6　和　え　物

1)　ずんだ和え

　「ずんだ」，「じんだ」は，ゆでたエダマメの磨砕したものの東北地方の呼び方とされている．ずんだに塩，砂糖，醤油などを混ぜた和え衣で様々な食材（ナス，ズイキ，サヤインゲン，キュウリ，キノコ類，キクラゲ，ヒジキなど）を和えたものが「ずんだ和え」である．また，ずんだに砂糖，塩を加えて甘くし，もちやジャガイモもちにからめた様々な「ずんだもち」や「おはぎ」を作る．

　（和え衣材料：材料に対する割合…エダマメ 20%，砂糖 10%，塩 2%）

2)　ピーナッツ和え

　ラッカセイを煎って渋皮を除去後，すり鉢で磨砕し調味料を加えてラッカセイ衣を作り，それで食材（ゴボウ，サトイモ，鶏肉，ダイズ，ダイコン，ニンジンなど）を和えたものである．またラッカセイ酢は酢を加えた和え衣であり，和え物に同様に利用される．

　（和え衣材料：材料に対する割合…ラッカセイ 15%，砂糖 10%，煮出し 5%，塩 2%）

4.7 打ち豆

青豆を押しつぶしたものである．打ち豆ご飯，煮物，汁の実や味噌汁の煮出し，酢の物，煎ってけんちん汁に，鉄火味噌に混ぜるなどして利用される．たたき豆，つぶし豆，ひき割豆ともいわれる．ダイズを洗い，微温湯に10〜15分浸し，軽く乾かし，石臼の上，板や平らな石にのせ，木槌でたたいたり，押し麦機で粗くつぶして作る．

1) 煮なます

鍋にだし汁，酢，砂糖，醤油，塩やみりんを混ぜて煮立て，その中に打ち豆を入れ6〜7分加熱し，水気をしぼったダイコンを入れ，再沸騰したら火を止め，皿に広げて冷却する．

（材料：ダイコン 1kg，塩 大サジ1，打ち豆 1カップ，だし汁 2/3カップ，酢 大さじ1/2，砂糖 大サジ1，醤油 大サジ1〜2，塩 小サジ2/3，みりん 大サジ1）

2) 打ち豆ご飯

コメに打ち豆，シイタケ，油揚げ，酒，醤油，コンブ少々を入れて，普通に炊いたものである．

3) 打ち豆菓子

打ち豆を弱火で煎り，砂糖衣をまぶしたものである．

4.8 ダイズ粉

生ダイズ粉やきなこ（黄粉）がある．

1) ずんだ（じんだ）

青森県津軽地方では，主に乾燥青豆を石臼で粗びきし，温水を加え固めたものを「ずんだ」または「じんだ」と称している．昔は乾燥青豆は布袋に入れ炉鉤に下げ，遠い炉火で長期間乾燥したものだという．この「じんだ」は津軽地方の郷土料理である「けの汁」（旧暦の小正月の食べ物．その土地で採れる山菜，野菜，ダイズ，菜豆（イ

ンゲンマメ），大豆製品を食材とした味噌仕立ての汁物で精進料理）に用いる．けの汁は大鍋に作っておき，食べる時に適量を小鍋に取り分けて温めるのであるが，この時に5mm角のさいの目切り「じんだ」を入れると，一層風味が増し，おいしくなる．

2) きなこ

煎りダイズを粉末にしたもので，香り，消化がよい．青大豆から作られた緑色のものが上等品である．きなこに砂糖，すりゴマ，塩を混ぜてご飯にかけた「きなこご飯」，また，きなこに砂糖，塩を混ぜ，もち類にまぶして安倍川餅（あべかわもち），くずもちなどに用いる．

（畑井朝子）

煮豆のいろいろ

市販されている煮豆にはいろいろな種類があります．インゲンマメ類で最もよく耳にするのは鶉豆（うずらまめ）です．あっさりした味で好まれましたが，最近は栽培量が大分減り，金時で代用され鶉豆の名前だけが残っている場合もあります．虎豆（とらまめ）は高級菜豆の一種でインゲンマメ類の中で最も味が良く最高級品とされています．同じくインゲンマメ類の花豆（ベニバナインゲン）には，大白花（おおしろばな）という白豆と濃い紫地に黒い模様の入った紫花豆があります．大白花は甘納豆の原料によく使われます．煮豆としては長野県や群馬県でとれる紫花豆を原料にします．種皮はやや硬いけれども，粒が大きく，さっくりとした何とも言えない歯ごたえがあります．

エンドウはその青色から「うぐいす豆」といわれます．乾燥豆にしては軟らかく調理しやすいものです．

ソラマメには一寸ソラマメの特に大粒の品種を煮た「お多福豆（たふくまめ）」と呼ばれる煮豆があり，その名のとおり正月料理などに欠かせない縁起物です．皮をとって煮たものが「富貴豆（ふうきまめ）」で，べっこう色をしているので「べっこう豆」と呼ばれることもあります．なお，山形の富貴豆はエンドウを使ったお菓子です．

IV 海外における豆の利用

Ⅳ 海外における豆の利用

　世界的に見た豆の利用は大別して，でんぷんを主成分とするマメ類と，たんぱく質を主成分とするマメ類に分けて考える必要がある．序論でも述べたように，作物としてのマメ科植物は空中窒素固定能を持ち，世界の幅広い気候，土壌条件で栽培されてきた．そして，そこから得られる豆は多収量であり，かつ豆そのもののたんぱく質含量が高いことから豆の単位面積当りたんぱく生産力は極めて高い．このことが世界各地でたんぱく源としての豆の栽培を盛んにしたものと考えられる．

　でんぷん系の豆を多く消費する地域としてインド，ブラジル，アフリカ，またダイズ，ラッカセイなどたんぱく系の豆を多く消費する地域として中国，東南アジア地域について利用の状況を述べる．でんぷん系，たんぱく系に分けたのは便宜上で，地域によっては双方が記述されることになろう．

1. インド

　インドで生産，消費される豆の種類は非常に多く，特にヒヨコマメ，キマメ，ブラックグラム（ケツルアズキ），リョクトウが多い．インドにおける豆の利用法の特徴は半割れにすることで，半割れ豆をダール (dahl) と呼ぶ．まず皮を除き，これを破砕すれば簡単に得られる．皮を除くには，豆を煎るか天日乾燥する乾式法と，水に浸漬後天日乾燥する湿式法とがあり，いずれもロールや水平ミルで軽く破砕し，分離した皮をふるいで除く．ダールは豆を煮る場合，丸豆に比べて時間がかからず，燃料および人手の節約になる．

1. インド

ヒヨコマメ (chickpea) の75％がダールに加工される．これを食卓に供するためにはダールを熱湯とよく混ぜ，軟らかくなるまで煮て，そのままあるいはマッシュにしてから調味する．

ヒヨコマメは粉末で利用する場合があるが，これもダールを十分乾燥して粉砕する．水とこねると粘着性のペーストになり，油で揚げたり，砂糖とバターを混ぜて菓子とする．また小麦粉と混ぜて弱く発酵後，焼き上げてパンにする．

キマメ (木豆, pigeon pea) もインドの重要な灌木性の豆で，ヒヨコマメ同様ダールに加工することが多い．油で揚げて，食塩，生のココナッツ，緑の生トウガラシまたは赤い乾燥トウガラシを混ぜ，全部を一緒に粉砕し，これをタマネギとカラシの種に加えて薬味として用いる．

ブラックグラム (ブラックマッペ, black gram) はケツルアズキと呼ばれるもので，やはりダールにすることが多いが，丸豆，割れ豆などの形でも利用する．ブラックグラムの粉をコメの粉と組み合わせて発酵させた食品が主食に近い形で広く食されている．コメの粉と少量の食塩をブラックグラムの粉とよく混合し，一晩発酵後，油を塗った型に入れて蒸したものがイドリ (idli) である．一方，混合物を一晩発酵させた後，油をひいた鍋に入れて両面を油で焼き上げたものがドーサイ (dosai) である．いずれもカレーその他の香辛調味料を添えて供する．ブラックグラムはもやしにも用いられる．

リョクトウ (グリーングラム, mung bean) もインドで消費される．リョクトウは消化がよく，また腸内ガスのもとになる鼓腸成分が比較的少なく，品種によっては離乳食に用いられる．リョクトウからでんぷんを分離し，これを熱湯中に小さい孔から押し出せば糊化するので冷却，乾燥する．このものは，わが国で輸入リョクトウを用いて作られる「はるさめ」と同一物である．

以上から分かるように，インドにおける豆の利用は豆の種類が多様な上に利用の仕方も幅が広い．豆はややもすれば味が単調なので，

香辛料でこれを補っていることが一つの特徴である．またコメと混合して作る比較的短時間の発酵食品であるイドリ，ドーサイは主食としての風味を考慮したものであろう．リョクトウからのでんぷん分離では，同時に出来るたんぱく質を利用して song-than と呼ぶたんぱく性食品を作るといわれ，資源の有効活用を目指したものである．

2. ブラジル

ブラジルで消費される豆の中ではインゲンマメが圧倒的に多い．この豆はメキシコおよび中央アメリカ地区が起源とされ，ラテンアメリカ一帯で広く栽培されている．

インゲンマメ（kidney bean）は品種が非常に多く，その形態や生態により名称も異なる．乾燥した成熟豆として利用されるものはフィールドビーン，ドライシェルビーンなどの名で用いられる．粒の大きさ，形，種皮の色も様々である．ブラジルで多く用いられるインゲンマメはわが国の鶉豆に似ているが，黒いものが最も好まれる．収穫後，圃場で乾燥されるが，高温多湿になると退色したり，不均一な色となり，価値が低下する．地域の農家は品種の選定には収量よりも調理のしやすさ，風味，消化性のよさを基に行っていることは興味深い．

ブラジルは地域による気候，土壌の状態の違いが大きいが，東部海岸森林地帯といわれる大規模農業地帯ではサトウキビ栽培が盛んであり，ポルトガル人の入植でアフリカの奴隷が多数移入され，両者の混合した料理が伝統的に引き継がれているといわれている．豆の他にヤシの果汁，マニオク（キャッサバ）の粉，ナッツ類，コショウなど熱帯産物を主な材料としているが，豆を使った料理であるフェイジョアーダが特に有名である．この料理はインゲンマメを一晩水に浸漬後，鍋で軟らかくなるまで煮込んでおく．ついでニンニ

クと肉（牛肉）とタマネギを炒め，これを豆の鍋に加えてさらに加熱を続ける．このあとベーコン，ソーセージなどを入れて仕上げる．食事の際は別にニンニク，タマネギをバターで炒め，これに予めといだコメを入れ，強火にして水を入れ炊き上げ，最後に10〜15分むらしてバターライスとする．これに前記の豆の煮込みをかけて食べるのが一般的な料理法である．

　インゲンマメ類は一般に皮がうすいので，脱皮したり，ダールにすることはない．

　フェイジョアーダは主食のコメとの組み合わせで成り立っているが，地域によってはコメが不足であったり，高価な場合は豆の煮込み単独で，いわば主食的に供されることもある．この場合でもその土地土地の香辛料，調味料が用いられ，豆の単純な風味を補っておいしく食べる工夫がなされ，またマニオクなどのイモ類を使うのはトロ味をつけるためである．

　豆を香辛料やタマネギなどの野菜と十分煮込んだものはビーンシチューと呼ばれており，ブラジルだけでなく，ラテンアメリカで広く作られ，重要なたんぱく源となっている．豆を煮込んだ後ジャガイモ，バナナなどを調理の終わりに加え，ペースト状になるまで粉砕し，香辛料のきいたスープで食べることがあり，裏ごしして幼児食や病人食にする．ビーンスナックは豆を粉砕して味付けし，ボール状などに成型して油で揚げたものである．これらも南アメリカ各地のインゲンマメの栽培地帯で作られる．

3. アフリカ

　アフリカは地域による気候，土壌の違いが著しく，マメ類の栽培，利用も様々である．したがって，ここでは特に消費の多い**ササゲ**(cowpea)について記す．

　この豆はアフリカ原産の栽培種で，森林，サバンナいずれの地域

でも広範囲に作られている．西アフリカでササゲの利用が盛んであるが，品種が多く，粒の大きさ，色，形も様々である．スープやスナックを始め，粉末やベビーフードなどいろいろの料理がある．主食の穀物にそえて食べるので大切なたんぱく源となっている．品種によって味，香り，膨潤(ぼうじゅん)能力，ペーストの物性などが違うので主婦達は自分の好みに応じて選定しているという．

ササゲはコメ料理によく用いられるが，豆をくずさずに煮込むのは豆の色をコメ料理にそえる目的もある．煎ってスナックに用い，スープに煮込む場合もある．しかし，一般的にはペースト状にして蒸し上げるとか，油で揚げる料理が多い．皮を除くには乾式粉砕の場合，風で除くかふるい分けによるが，湿式粉砕では皮を水に浮かせて除く．西アフリカで売られているササゲ製品には，ササゲの粉から作ったペーストをタマネギやコショウで香りづけして球状に成型，油で揚げたものがある．またササゲのペーストに油，トマトペースト，刻んだタマネギ，香辛料を加え，混合，成型し，バナナの葉で包み蒸し上げたものもある．これらのものは香辛料などで豆の風味を変えている点でブラジルの場合とよく似ている

このほかの食べ方として，ササゲの粉を大きな容器内で水を少しずつ加えながら手でかき混ぜ，出来上がった粒を分け，粉が全部粒状になるまで繰り返す．粒はふたのある籠(かご)に入れ，沸騰した湯釜の上で蒸し上げる．その間，粒は水分を吸収し，膨らんで適度のふわふわしたものになる．ペッパーソースや香辛料のきいたシチューを添えて食膳に供する．

アフリカの原産といわれる**シカクマメ**（winged bean）は最近になって注目されている豆である．アフリカからアジアに広まったといわれるが，現在南インド，インドネシア，マレーシア，ミャンマー，フィリピン，タイなどで菜園作物として栽培されている．

シカクマメはつる性の多年生植物であるが，栽培目的によって一年生植物として取り扱われることもある．葉，花，莢(さや)，種子，根塊

など植物体全体が食用になるが，栽培地域では地上部が食品として用いられている．シカクマメ（種子）はたんぱく質37％，油脂20％内外を含み，ダイズに似通った組成である．シカクマメは農家の自家生産のものを煎ったり，煮たあとペーストにして食している．また，インドではイドリ，ドーサイなどの発酵食品にブラックグラムの代わりに使用する試みや，豆腐(とうふ)の発酵品や醬油(しょうゆ)をシカクマメで作った例もある．

アフリカフサマメ（African locust bean）は木本になる豆で，熱帯地域に野生で生育している．一般の豆が干ばつで枯れてもこの豆は乾期に成熟するためその重要性は高い．組織が硬いのでいろいろの加工法が行われている．広く行われている方法は，豆を長い時間水に浸漬後ゆでて皮を除き，これを粉砕，種を入れて2～3日発酵させる．これをボール状に丸めて天日乾燥させて出来上がる．

4. 中　　国

東アジア地域として中国，台湾，朝鮮半島，日本などが入るが，ここで生産される豆製品のうち大豆食品は全地域に古くから普及し，その多くは中国が原産地となっている．しかし，今日の各国の大豆食品は長い歴史の中でそれぞれの環境に沿って変わってきており，わが国のものは中国のものとはかなり違っている．ここでは中国の大豆食品について説明することとする．

豆腐は中国でも大量に作られているが，その料理法は様々である．わが国では豆腐はその風味を生かすため冷やっこや湯豆腐などが主な食べ方とされてきたが，中国では豆腐を非常に堅く仕上げたり，くずすなどして，これに調味料を加えて煮込むといった食べ方が多く，歯ごたえ，風味などはもとの豆腐とはかなり違ったものとなっている．炒り豆腐，豆腐干(とうふかん)（豆腐羹．豆腐を堅く作り，これを強くおして脱水し調味，加熱したもの）などはその例で，わが国でも一部で作

られる．豆腐をくずして動物や魚の形に圧搾，調味，成型したものがいわゆる「もどき」食品として中国市場にある．また紙状に仕上げた豆腐が豆頁(パイイエ)の名で作られており，細かく切って麺(めん)状にして汁を加えて供する．一方，豆花(ドウホワ)は豆乳が凝固剤で凝固したものを型箱に入れずにそのまま食卓に供するもので，わが国の『豆腐百珍』でいうおぼろ豆腐（汲み豆腐）に相当するものである．

中国には豆腐を発酵させた乳腐(ニュウフ)（腐乳(フルー)ともいう）が作られているが，食塩含量が高く，また特殊なにおいがあるため，わが国ではあまり普及しない．さいの目に切った豆腐の表面にクモノスカビ，紅(べに)麴菌(こうじきん)，また地域によってはケカビを繁殖させ，これを塩漬け（食塩濃度25％）したり，穀類とダイズと食塩を使った諸味(もろみ)あるいは酒かす，酒諸味などに漬け込み，熟成させて出来上がる．熟成期間は1か月から1年以上をかける．

中国では豆乳が常用され，豆漿(トウジャン)と呼ばれる．風味に関しては何の問題もなく，受け入れられている．油で揚げた麩(ふ)などを浸す食べ方が普及している．ゆばもかなり普及し，種々の料理に用いられる．ゆばを調味後何枚も重ねて強く圧搾，加熱したものは素火腿(スーホータイ)と呼び一種の植物性ハムで，わが国でも中華料理用に作られている．

もやしはダイズを一晩水に浸漬してから保温発芽させたもので，野菜として広く用いられる（Ⅲ-2編「大豆もやし」の項参照）．

大豆発酵食品として日本の醬油と味噌(みそ)に相当するものが広く普及している．しかし日本のものとは外観，風味などかなり違う．

週刊朝日百科『世界の食べ物』中国 No.10 (1982) によると，中国の調味料の中心を占めるのが醬(ジャン)である．これを醬油類，味噌類に分けた場合，醬油は豆豉(ドウチ)と呼ばれるものが多く，普通はダイズを水に浸漬，蒸煮(じょうしゃ)後，麴菌(こうじきん)をふりかけて麴室(こうじむろ)に3～4日入れて豆麴をつくり，水と食塩と小麦粉か白米を加え，容器に密封，1か月ほどで出来る．醬油の原型ともいうべきもので，濾(こ)すかそのまま用いる．食塩約20％で塩辛い．

味噌に相当するものは乾醤(カンジャン)と呼ばれ、ダイズと小麦粉で麹をつくり、食塩と水を加えて熟成させる。水分53%、食塩13%内外のペースト状で、そのまま用いる。ダイズの代わりにソラマメを用いる場合がある。

　醤油、味噌共に料理の調味や和(あ)え物として広く使われている。

5. 東南アジア諸国

　東南アジアはインド、中国に比べると豆の生産量は少なく、利用は限られた種類にとどまっている。しかしインドネシアのダイズ、ラッカセイ、リョクトウやタイのラッカセイ、リョクトウ、ブラックグラムなどは伝統的に広く利用されている。

　インドネシアの**ダイズ**は、わが国や中国と同じような豆乳、豆腐、もやし、ゆばなどいわゆる非発酵食品のほか、微生物による発酵食品として用いられる。発酵食品のうちテンペ（tempe）は、予め皮を除いたダイズを十分蒸してからつぶし、これにクモノスカビ（リゾープス菌）を繁殖させる。最近は純粋培養菌も用いるが、元来はバナナの葉で包むことでそこに付着している菌を利用したり、既製のテンペの粉末を利用してきた。純粋培養菌を用いる場合は、バナナの葉の代わりにプラスチック素材を利用し、リゾープス菌胞子の懸濁液を用いて製造することが多い。30～35℃で2～3日発酵させると表面は菌に被われて白くかつ塊状になるので製品とする。砕いてスープの実にしたり、うすく切って油で揚げて食用に供する。ダイズの代わりに脱脂ダイズを用いる場合がある。また、ラッカセイや豆腐のおからを用いて作ったものはオンチョム（ontjom）と呼ばれ、原料により色の付く場合や、リゾープス以外の菌（アカパンカビ）が繁殖しているものがある。食塩を用いないのが特徴である。

　なお、ネパールでは水田のあぜ道にダイズが作られており、これを加工したものにキネマがあり、農村で広く普及している。蒸した

ダイズを自然発酵させて出来る納豆類似の食品であり，この場合も食塩を用いない．

中尾佐助氏によると，日本の納豆，インドネシアのテンペ，ネパールのキネマは無塩発酵の大豆食品であり，この3地域を結んで出来る三角形を「ナットウの大三角形」と呼び，この中に含まれる地域には各種の共通の伝統食品（例えば，すし，コンニャクなど）が見られるという．もっともテンペに関係する微生物は納豆菌ではなく，リゾープス菌であることはすでに記したとおりである．

インドネシアおよびタイで作られている大豆発酵食品のうち，タウチョ（tao chew）は煮熟したダイズを種麹とよく混ぜ（時に米粉を加える），27～28℃に50時間おき，食塩を加えて2週間発酵させて出来上がる．味噌に似たペースト状の食品である．トアナオ（tua nao）はタイ，ビルマ（ミャンマー）で作られる大豆食品で，納豆菌と類縁の微生物が関係しており，調味料や副食として用いられる．ケチャップ（keechap）も重要な大豆発酵食品で，インドネシアを中心に広く作られている．ダイズを蒸煮後，麹蓋に広げ，1～2週間自然発酵後，天日乾燥し，土中に埋めた瓶に塩水と共に仕込み2～6週間発酵，沪別，塩水で煮出し，ついでヤシ糖を加えて製品とする．カビの主体は麹菌で，他にペニシリウム，リゾープス菌も繁殖する．わが国の醬油より粘稠で，甘味は強いが，うま味が低く，食塩含量はそれほど違わない．

ラッカセイはインドネシア，タイ，フィリピンなどでかなり広く用いられている．インドネシアのオンチョムのほか，ピーナッツバター，煎り豆などに利用される．

リョクトウ，ブラックグラムもタイ，インドネシアなどで広く用いられ，特にもやしに向けられる量が多い（Ⅲ-1編「もやし」の項参照）．もやしは野菜としての用途が主であるが，時に発芽を抑えて酵素力の高い段階で乾燥し，乳幼児食に加える．また豆を水浸漬後，磨砕して皮などを除き，下に沈でんしたでんぷんを上澄みと分け，

これを「はるさめ」に加工する．リョクトウはたんぱく質含量が比較的高いので，粉末にしてパンなどの穀物加工品に加え，たんぱく強化に用いる（インドの項参照）．

　以上，東南アジアにおける豆の利用について概要を記したが，それぞれの豆は自国で生産されるものを用いる場合が多い．この中でダイズの利用法は中国のものに類似している．これはかなり以前に中国から東南アジア諸国にダイズとその加工法が同時に導入され，加工品はその後自国の状況に応じて改変されたものが多いためと考えられる．また中国から東南アジアに移住した人々による加工品も少なくないと推定される．ダイズ以外の豆であるリョクトウなども中国の影響を受けているものであろう．

6. ま と め

　マメ類は主食の栄養を補完する意味が大きく，コメやコムギを主食とする地域で動物性食品（たんぱく質）の不足する場合，重要な役割を果たしている．このことはブラジルおよびインドの項で説明したとおりである．アフリカでは穀物よりイモ類の消費が多く，この場合はでんぷんの量が多く，たんぱく質は極めて少ない．したがってマメ類の役割は他の地域に比べてずっと大きく，その食べ方もイモ類と組み合わせた料理が考えられ，特に妊産婦，乳幼児向けにはマメ類の有効利用の研究が進められている．

　マメ類の利用法はその地域における他の作物の状況，人々の栄養状態，宗教，生活程度，教育水準など多くの要因の影響を受けるが，全体的にいってなお改善の余地があると思われる．特に消化性の向上，安全性の確保，資源の有効利用，微生物，酵素の活用などはマメ類に含まれる栄養成分の価値をより高める上で是非必要なことであろう．また収量の増加のための品種改良，栽培環境の整備，さらに有害成分の軽減，除去，有効成分の増強を目指すバイオテクノロ

ジーの役割も重要な課題である．

(渡辺篤二)

煮豆について

　火事の多かった江戸の町は，明暦の大火（1657年）ではその3分の2が灰と化し，後の復旧作業のなかで「煮売屋」が盛んになりました．煮売屋は煮魚や野菜の煮しめなどを中心に売っていましたが，人気のあったのは煮豆でした．煮豆は調理法としては簡単ですが，時間がかかるなど家庭で作るには手間であるということからか，煮豆屋が繁盛しました．

　このように，煮豆は豆の加工形態としては比較的単純でありながら，実際は手間や時間がかかること，味，硬さ，見た目など出来映えにむずかしさがある点などから，あまり家庭では作らなくなっていたようです．

　煮豆の原料はアズキ，ダイズのほか，インゲンマメ類では鶉豆（うずらまめ），大福（おおふく），虎豆（とらまめ），花豆（ベニバナインゲン）など多くの種類があり，味や食感にもそれぞれ特徴があります．

　煮豆の調理工程は，まず豆を選別し水に浸漬しますが，原料豆によって吸水性が異なります．例えば，ダイズの吸水は早く，アズキは浸漬後1〜2時間は全く吸水せず，またアズキやササゲの吸水時間はダイズ，鶉豆，エンドウのほぼ2倍かかります．しかし，アズキは煮えやすいということもあり，浸漬工程を省くことがあります．

　浸漬した豆は熱をかけますが，特にこれを煮熟（しゃじゅく）と言っています．煮熟に際しても原料豆による特徴が見られます．ダイズは種皮が膨張しやすく子葉がそれに比べて遅いので，種皮が伸びてシワがよりやすい．また，逆に鶉豆などのインゲンマメやアズキは子葉が膨張しやすいため胴割れや煮くずれが起こりやすくなります．煮熟中は豆が躍るような状態となり，さらに煮くずれしやすいので，ガーゼなどの布で落としぶたをします．豆が軟らかく煮えたら砂糖で味を付けますが，分量の砂糖を一度に加えると煮汁の濃度が急に高くなるため，豆の水分が煮汁に取られ，種皮や子葉が縮みシワになったり，硬くなったりします．味付けの砂糖は2〜3回に分けて徐々に加えるとよく浸透し味も良くなります．

V 豆を利用するための参考資料

V 豆を利用するための参考資料

1. マメ類の価格，流通，衛生法規

1.1 マメ類の市場価格について

アズキ・ダイズについては，日本経済新聞の日経商品指数17種のディリー欄に卸価格が掲示される．ラッカセイについては，同じく日経紙のマンスリー欄に掲示される．なお，アズキ・ダイズについては商品取引所の扱い品目として上場され，同じく日経紙の商品先物の欄に6か月先までの動向が発表されている．いずれも国産および輸入のアズキ・ダイズの価格動向が分かる．

1.2 国産マメ類の流通について

アズキは農場または農協などにより脱粒され，乾燥調製をし，さらに選別設備により，異物の除去を含めて整粒包装（主として30kg袋）される．主産地の北海道においては，表1.1に示す検査が食糧事務所にて行われる．ただし最近は農場または集荷業者により独自

表1.1 北海道産マメ類の農産物検査規格（小豆）

項目 作物等級	最低限度			最高限度		
	整粒	形質	水分	被害粒，未熟粒，異種穀粒及び異物		
				計	異種穀粒	異物
小豆 1等	90%	1等標準品	15%	10%	0%	0%
2等	80%	2等標準品	15	20	1	0
3等	70%	3等標準品	16	30	2	0
4等	60%	4等標準品	17	40	3	1

農産物規格規程（農林水産省）

表1.2　北海道産大豆規格

項目 等級	最低限度				最高限度			
	整粒 (%)	粒度 (%)	形質	水分 (%)	被害粒, 未熟粒, 異種穀粒及び異物			
					計 (%)	著しい被害 粒等 (%)	異種穀粒 (%)	異物 (%)
1 等	85	70	1等標準品	15	15	1	0	0
2 等	80	70	2等標準品	15	20	2	1	0
3 等	70	70	3等標準品	16	30	4	2	0

農産物規格規程（農林水産省）

表1.3　国内産落花生（むきみ）の品質規格

項目 等級	最低限度		最高限度			異物 (%)	色沢	容器及び 正味重量
	100g粒数 大粒種	品位	水分 (%)	被害粒 (%)	異種類 及び異 色種(%)			
1 等	130粒以下	各等級 標準品 による	9	3	1	1	品種固 有の色 沢	麻袋 60kg 紙袋 30kg
2 等	131〜145		9	4	1	1		
3 等	146〜170		9	5	1	1		
4 等	171〜220		9	10	2	1		
5 等	221〜270		9	15	2	1		
規格外	1等〜5等のそれぞれの品位に適合しないもの							

農産物規格規程（農林水産省）

の規格を設けて市場に出荷する場合がある．

1.3　輸入豆の関税割当制度について

　雑豆として，アズキ，エンドウ，ソラマメ，インゲンマメおよびその他の豆などについて，年度を上期と下期に分けて関税率審議会にて割当数量を政令で定めている．ラッカセイも雑豆と同様に，関税割当制度により数量が年度で一括決められる．いずれも，ウルグアイ・ラウンド合意によって新たに関税化したものである．

　雑豆の関税率は，1986年から1988年の3か年のCIF（運賃・保険料込み）価格と卸売価格の平均価格を算出して，内外価格差を埋める関税率をかける．現行アクセス分については，雑豆12万tまで10%（1次関税）だが，12万tを超える分については2次関税と

なる．この2次関税は，1995年から6年間，毎年等量ずつ削減して最終的に合計で15％削減することになっている．初年度はキロ当り417円（60kg当り25,000円）とし，2000年にはキロ当り354円（60kg当り21,240円）となる．この特例措置の7年目以降の取扱いに関しては，これを維持するか否か，それぞれの場合における具体的条件について，実施期間の終了1年前に始まる交渉により決定される．

同様にラッカセイの場合は，75,000tまでは10％（1次関税）だが，それを超える分は2次関税となり，キロ当り726円とし，2000年にはキロ当り617円となる．

1.4 マメ類の食品衛生法に基づく注意点

1） 残留農薬基準について

残留農薬基準については食品衛生法第7条第1項に基づき，「食品，添加物等の規格基準」により，農作物および農薬ごとに基準値およびその試験法が定められている．

輸入のマメ類については，モニタリング検査により残留農薬が検査される．マメ類の残留農薬についての細則の詳細は，『残留農薬基準便覧』（(社)日本食品衛生協会発行）を参照されたい．

2） シアン化合物含有マメ類の取扱い

原則としてマメ類は，シアン化合物の検出されるものであってはならない．ただし，主として白あんの原料となる輸入豆のバター豆，ホワイト豆，サルタニ豆，サルタピア豆，ペギア豆およびライマ豆（豆の名称の表記は規格基準による）にあっては，その100gにつき，シアン化水素（HCN）として50mg（500ppm）まで含んでいてもよいとされ，この基準に合格したものが輸入許可される．ただし，これらの豆に関しては厚生省および都道府県，指定都市の行う措置事項がある．輸入業者に対し，シアン化合物含有マメ類は承認製あん業者のみに販売させ，承認製あん業者も購入したときは，保健所長

を経由して都道府県知事または指定都市市長に報告書を提出する必要がある。シアン化合物を含有するマメ類を原料とし、生あんを製造する場合には製造基準があり、生あんはシアン化合物の検出されるものであってはならない。

3) カビ毒（アフラトキシン）について

ラッカセイに関して昭和46年に厚生省より環食第128号として通達が出されている。「ピーナッツ及びピーナッツ製品中のアフラトキシン B_1 の試験法」が設定され、この分析法によりアフラトキシン B_1 が検出されてはならないとされている。詳細については、(財)マイコトキシン検査協会に問い合わせされたい。

4) アレルギー物質を含む豆について

平成14年4月1日よりアレルギー物質を含む原材料について、特定原材料5品目を含む場合は、それらを含む旨を記載しなければならない。

また、特定原材料に準ずる19品目についても、それらを含む旨を可能な限り表示をするよう努めるよう推奨している。

特定原材料5品目：小麦、ソバ、卵、乳、落花生

特定原材料に準ずる19品目：アワビ、イカ、イクラ、エビ、オレンジ、カニ、キウイフルーツ、牛肉、クルミ、サケ、サバ、ダイズ、鶏肉、豚肉、マツタケ、モモ、ヤマイモ、リンゴ、ゼラチン。
これにバナナも同扱いになる予定。

① 特定原材料の落花生の範囲

落花生は、いわゆるピーナッツ・南京豆と呼ばれるものである。多くの料理や菓子類に使用されるが、ピーナッツオイル、ピーナッツバターなどもアレルゲンとなるので注意が必要である。

落花生によるアレルギーは、日本では非常に少ないものの、徐々に患者数が増えており、今後さらに増加傾向をたどることが予測されている。

一般に脂肪が多い小粒種は採油用に用いられ,たんぱく質が多い大粒種は食用にされることが多いようであるが,両方とも表示の対象になる.

② 特定原材料に準ずるもののダイズの範囲

アレルギー表示における「大豆」の範囲は,エダマメや大豆もやしなど未成熟のものや発芽しているものも含む.ダイズには色々な品種があり,色や大きさ,形などによって分類されている.

色については,味噌・醬油・納豆・豆腐には黄色系統が用いられ,きなこや菓子用に緑色系統(青豆・菓子大豆と呼ばれる),料理用に黒色系統(黒豆)が用いられる.

アレルギー表示としてはこれら全てが対象となる.

(石毛禮治郎)

2. 豆に関する情報・研究・専門の機関一覧

(2004年9月現在)

＊財団法人 日本豆類基金協会
〒100-0004
東京都千代田区大手町1-8-3
JAビル9F
TEL　03-3270-2809
FAX　03-3270-2930

＊北海道立中央農業試験場
〒069-1300
北海道夕張郡長沼町東6線北15号
TEL　01238-9-2001
FAX　01238-9-2060

＊北海道立上川農業試験場
〒078-0397
北海道上川郡比布町南1線5号
TEL　0166-85-2200
FAX　0166-85-4111

＊日本製餡協同組合連合会
〒169-0073
東京都新宿区百人町1-14-1
ANビル
TEL　03-3366-3526
FAX　03-3366-3558

＊山東省対外貿易総公司
駐日本代表事務所
(山宏実業株式会社)
〒103-0025
東京都中央区日本橋茅場町1-6-16
TTビル4F
TEL　03-3669-2141
FAX　03-3669-2144

＊豆類加工研究会
〒110-0013
東京都台東区入谷1-18-7
東京菓子会館菓子総合技術センター内
TEL　03-3874-4400
FAX　03-3874-4481

＊財団法人 全国落花生協会
〒107-0052
東京都港区赤坂1-9-13　三会堂ビル
TEL　03-3584-7311
FAX　03-3560-5392

＊千葉県農業試験場
〒266-0006
千葉県千葉市緑区大膳野町808
TEL　043-291-9986
FAX　043-291-5319

＊財団法人 マイコトキシン検査協会
〒230-0054
神奈川県横浜市鶴見区大黒埠頭15
川西倉庫(株)1F
TEL　045-506-1151
FAX　045-506-1153

＊社団法人 大豆供給安定協会
〒103-0024
東京都中央区日本橋小舟町9-3
日本橋相互ビル203
TEL　03-5641-8599
FAX　03-5641-8799

(石毛禮治郎)

3. マメ類の統計表

表1 小豆都道府県収穫量実績（暦年） （単位：t）

			平成9年	平成10年	平成11年	平成12年	平成13年	平成14年
	全	国	72,100	77,600	80,600	88,200	70,800	65,900
	北 海 道		57,200	66,000	68,300	75,800	59,500	54,200
	都 府 県		14,900	11,600	12,300	12,400	11,300	
北海道	札	幌	19,300	24,700	17,700	18,500	18,000	16,500
	函	館	10,300	10,700	10,700	12,800	13,300	11,900
	帯	広	23,800	27,000	34,900	38,400	23,400	23,900
	北	見	3,760	3,590	4,950	6,120	4,790	1,940
東北	青	森	1,610	1,710	1,540	1,310	765	823
	岩	手	1,240	915	1,030	952	878	821
	宮	城		285			260	
	秋	田	764	644	756	762	717	668
	山	形		397			387	
	福	島	938	803	775	820	827	715
	小	計		4,754			3,834	
関東	茨	城		353			318	
	栃	木	1,240	616	687	735	583	594
	群	馬		327			317	
	埼	玉		205			206	
	千	葉		298			281	
	東	京		3			3	
	神奈川			39			33	
	山	梨		73			64	
	長	野		449			414	
	静	岡		78			72	
	小	計		2,441			2,291	
北陸	新	潟		398			390	
	富	山		48			42	
	石	川		122			180	
	福	井		19			60	
	小	計		587			672	
東海	岐	阜		86			96	
	愛	知		68			65	
	三	重		48			49	
	小	計		202			210	

3. マメ類の統計表

		平成9年	平成10年	平成11年	平成12年	平成13年	平成14年
近畿	滋 賀		51			78	52
	京 都	643	283	419	472	475	448
	大 阪		2			3	
	兵 庫	532	349			541	
	奈 良		81			73	
	和 歌 山		6			7	
	小　計		772			1,177	
中国・四国	鳥 取		189			248	
	島 根		313			341	
	岡 山	555	353	474	475	458	
	広 島		263			375	
	山 口		108			127	
	徳 島		77			81	
	香 川		88			87	
	愛 媛		91			122	
	高 知		42			46	
	小　計		1,524			1,885	
九州	福 岡		112			97	
	佐 賀		127			121	
	長 崎		110			121	
	熊 本		236			297	
	大 分		542			437	
	宮 崎		147			103	
	鹿 児 島		64			967	
	小　計		1,338			2,143	
沖　縄			—			—	—

資料：農林水産省統計情報部調査（収穫量累年統計表）

表2 いんげん都道府県収穫量実績（暦年） (単位：t)

		平成9年	平成10年	平成11年	平成12年	平成13年	平成14年
全 国		32,600	24,800	21,400	15,300	23,800	34,000
北 海 道		30,800	23,200	19,700	13,700	22,300	32,600
都 府 県		1,800	1,560	1,690	1,630	1,540	
北海道	札　幌	2,120	2,000	1,090	1,200	1,450	1,600
	函　館	1,500	1,700	1,040	1,000	953	929
	帯　広	23,100	15,900	15,000	9,290	16,700	27,100
	北　見	4,060	3,570	2,550	2,210	3,180	2,980
東北	青　森		56			42	
	岩　手		41			34	
	宮　城		1			1	
	秋　田		62			60	
	山　形		31			24	
	福　島		49			78	
	小　計		240			239	
関東	茨　城		85			77	
	栃　木		13			19	
	群　馬		324			341	
	埼　玉		—			—	
	千　葉		0			—	
	東　京		—			—	
	神 奈 川		—			—	
	山　梨		87			108	
	長　野		387			390	
	静　岡		—			—	
	小　計		896			935	
北陸	新　潟		68			71	
	富　山		23			18	
	石　川		79			61	
	福　井		15			27	
	小　計		185			177	
東海	岐　阜		16			8	
	愛　知		—			—	
	三　重		6			7	
	小　計		22			15	

3. マメ類の統計表

		平成9年	平成10年	平成11年	平成12年	平成13年	平成14年
近畿	滋　　賀		0			—	
	京　　都		55			41	
	大　　阪		—			—	
	兵　　庫		1			0	
	奈　　良		0			0	
	和 歌 山		0			—	
	小　　計		56			41	
中国・四国	鳥　　取		9			8	
	島　　根		45			39	
	岡　　山		23			10	
	広　　島		46			48	
	山　　口		4			2	
	徳　　島		0			0	
	香　　川		—			—	
	愛　　媛		0			3	
	高　　知		—			—	
	小　　計		127			110	
九州	福　　岡		—			—	
	佐　　賀		—			—	
	長　　崎		—			—	
	熊　　本		6			4	
	大　　分		21			18	
	宮　　崎		7			0	
	鹿 児 島		—			—	
	小　　計		34			22	
沖　　縄			1			—	

資料：農林水産省統計情報部調査（収穫量累年統計表）

表3 大豆都道府県収穫量実績（暦年） （単位：t）

	平成9年	平成10年	平成11年	平成12年	平成13年	平成14年
全　　　国	158,000	187,200	235,000	271,400	270,200	232,200
北　海　道	33,900	40,100	43,100	42,800	41,500	36,800
都　府　県	124,100	147,100	191,900	228,600	228,700	195,400
東　　　北	33,400	39,700	54,700	64,900	51,400	59,500
北　　　陸	10,700	20,500	27,400	35,300	33,200	31,000
関東・東山	23,800	26,900	30,500	33,000	35,500	33,600
東　　　海	5,670	8,340	9,380	13,100	16,100	11,900
近　　　畿	6,860	11,000	11,100	13,800	13,500	9,210
中　　　国	7,890	10,200	10,900	12,700	11,400	9,170
四　　　国	2,510	2,590	2,650	2,800	2,940	2,150
九　　　州	33,300	27,900	45,300	53,100	64,700	38,900
沖　　　縄	—	—	—	—	—	—
青　　　森	4,230	5,140	7,440	8,640	6,850	6,500
岩　　　手	3,860	5,020	6,070	6,280	5,430	4,860
宮　　　城	7,330	8,670	14,100	15,100	15,500	13,700
秋　　　田	7,640	10,300	12,200	14,600	10,700	16,000
山　　　形	6,050	6,350	10,200	14,700	7,740	13,700
福　　　島	4,260	4,220	4,750	5,590	5,140	4,710
茨　　　城	6,430	7,890	8,330	9,080	11,100	9,820
栃　　　木	7,560	9,390	11,600	13,200	14,100	14,100
群　　　馬	966	917	926	843	826	807
埼　　　玉	1,460	1,590	1,760	1,870	1,670	1,620
千　　　葉	1,390	1,430	1,570	1,650	1,660	1,550
東　　　京	9	9	10	10	8	9
神　奈　川	58	69	65	55	71	72
新　　　潟	6,650	7,990	12,500	17,400	17,400	15,600
富　　　山	2,750	8,080	10,200	11,000	10,400	9,280
石　　　川	856	2,760	2,800	3,950	3,100	3,360
福　　　井	468	1,660	1,880	2,920	2,280	2,780
山　　　梨	531	628	596	574	565	489
長　　　野	5,400	4,960	5,650	5,680	5,530	5,130
岐　　　阜	1,370	1,760	1,980	2,990	3,500	2,690
静　　　岡	518	674	936	869	804	624
愛　　　知	2,710	3,900	4,070	6,430	8,120	5,610
三　　　重	1,070	2,010	2,390	2,830	3,670	2,980

3. マメ類の統計表

	平成9年	平成10年	平成11年	平成12年	平成13年	平成14年
滋　　　賀	2,430	4,800	5,120	7,930	8,190	5,040
京　　　都	665	848	942	889	869	673
大　　　阪	100	110	111	112	110	106
兵　　　庫	3,100	4,600	4,410	4,350	3,830	2,940
奈　　　良	367	394	354	345	344	319
和　歌　山	195	211	168	167	149	130
鳥　　　取	1,100	1,630	1,580	2,120	2,330	2,050
島　　　根	1,740	1,680	1,920	2,140	2,200	1,520
岡　　　山	3,700	4,770	5,010	5,220	3,860	3,100
広　　　島	896	1,370	1,520	1,890	1,760	1,430
山　　　口	455	785	906	1,330	1,240	1,070
徳　　　島	874	885	774	681	649	525
香　　　川	798	850	797	761	760	564
愛　　　媛	580	655	735	936	1,190	778
高　　　知	262	203	345	422	344	284
福　　　岡	9,610	8,670	14,200	16,800	21,100	12,100
佐　　　賀	12,000	9,360	15,800	19,900	25,900	14,100
長　　　崎	1,090	995	1,470	1,480	1,510	965
熊　　　本	5,390	3,840	6,630	7,460	8,500	6,120
大　　　分	3,750	3,950	5,410	5,280	5,840	3,810
宮　　　崎	853	620	972	1,100	979	994
鹿　児　島	609	427	826	1,040	884	766

資料：農林水産省統計情報部調査「作物統計表」による．

表4　品目・年別輸入通関実績（暦年）

(単位：数量 t，金額：千円，単価：円/kg)

品名		平成11年	平成12年	平成13年	平成14年
小豆	数量	29,371(1)	30,498(3)	24,919(38)	27,931(23)
	金額	2,131,173(896)	2,219,374(965)	1,969,248(6,345)	2,027,478(3,423)
	単価	73	73	79	73
いんげん	数量	17,056(5)	21,505(2)	20,686(4)	16,945(1)
	金額	1,257,189(2,321)	1,565,320(1,912)	1,669,711(2,815)	1,385,077(4,858)
	単価	74	73	81	82
※その他の豆（ささげ属等）	数量	28,873	30,576(0)	28,723	24,460
	金額	2,394,288	2,106,763(500)	2,054,763	1,963,002
	単価	83	69	72	80
えん豆	数量	20,198(0)	20,109	18,675	18,557(1)
	金額	890,467(1,993)	812,785	879,834	979,759(980)
	単価	44	40	47	53
そら豆	数量	8,893(0)	7,800(19)	8,082	7,717
	金額	476,899(238)	458,523(1,183)	494,550	510,662
	単価	54	59	61	66
竹小豆	数量	9,321	9,798	8,746	8,067
	金額	667,126	496,466	314,651	328,938
	単価	72	51	36	41
ひよこ豆	数量	537	600	660	712
	金額	47,189	56,352	66,620	71,999
	単価	88	94	101	101
ひら豆	数量	188	208	207	136
	金額	24,047	23,543	23,414	19,853
	単価	128	113	113	146
その他の豆	数量	68(68)	74(71)	39(38)	53(43)
	金額	41,694(41,694)	32,943(31,123)	18,941(18,480)	26,318(24,702)
	単価	613	445	486	497
計	数量	114,505(74)	121,168(95)	110,737(80)	104,578(78)
	金額	7,930,072(47,142)	7,772,069(35,683)	7,491,732(27,640)	7,313,086(33,968)
	単価	69	64	68	70
ひよこ豆，ひら豆を除く計	数量	113,780(74)	120,360(95)	109,870(80)	103,730(78)
	金額	7,858,836(47,142)	7,692,174(35,683)	7,401,698(27,640)	7,221,234(33,963)
	単価	69	64	67	70

資料：財務省　「日本貿易月表」

(注) 1. 昭和63年1月から関税分類が新分類に移行（CCCN分類からHS分類へ）
　　 2. 新分類の※その他の豆は，ささげ属又はいんげん豆属の豆で，緑豆，小豆，いんげん及び竹小豆を除いたものである．但し平成4年1月から平成7年3月までは竹小豆を含む．
　　 3. ( ) 内は2次関税分で内数．

表5 輸入大豆国別輸入実績（暦年） (単位：t)

輸　入　先	平成11年	平成12年	平成13年	平成14年	平成15年	平成15年
アメリカ	3,867,149	3,608,478	3,645,832	3,821,072	3,628,907	229,476
中　　　国	143,612	138,537	132,150	135,675	135,261	8,055
ブラジル	584,749	751,238	705,781	812,425	842,492	47,428
カ ナ ダ	163,401	238,783	251,987	167,226	186,593	2,067
アルゼンチン	26,275	16,932	26,552	25,350	18,499	
台　　　湾	1		2	2		2
パラグアイ	81,484	72,546	67,501	73,091	73,177	20
ボリビア	52				19	
そ の 他	17,489	2,864	2,146	4,096	327	197
合　　　計	4,884,212	4,829,378	4,831,951	5,038,937	4,885,275	287,245

(黄色系) (その他)

資料：財務省「日本貿易月表」（品別国別）による．
※平成15年より集計が黄色系のもの，黄色系以外のその他に分ける．

表6　輸入落花生国別輸入実績（暦年）　（単位：t）

		平成10年	平成11年	平成12年	平成13年	平成14年	平成15年
大粒種	中　　国	19,800	18,748	19,064	19,640	17,560	18,988
	アメリカ	20	19	119	118	115	110
	オーストラリア						
	エジプト						
	インド						
	その他						
	計	19,820	18,767	19,183	19,758	17,675	19,098
小粒種	中　　国	5,660	7,981	8,482	8,303	7,637	10,498
	アメリカ	2,530	6,463	7,649	4,878	6,611	4,937
	オーストラリア	35			102	334	179
	台　　湾						
	タ　イ						
	インドネシア						
	インド	1,290	621	69	137	124	85
	ブラジル						
	スーダン	62					
	エチオピア						
	南アフリカ	11,160	8,968	9,144	8,687	8,128	8,478
	モザンビーク						
	ジンバブエ						
	ナイジェリア						
	パラグアイ	798	338	384	532	676	948
	ベトナム	190	120		21		
	タンザニア						
	アルゼンチン	308	51	305		43	34
	その他				1		
	計	22,033	24,542	26,033	22,661	23,553	25,159
合　計		41,853	43,309	45,216	42,419	41,228	44,257

資料：財務省「日本貿易月表」による．

（石毛禮治郎）

参考文献

● II 豆の基礎知識

全　　般

1) F. B. ギブニー編："ブリタニカ国際大百科事典", Vol. 18, ブリタニカ (1972)
2) 星川清親："新編食用作物", 養賢堂 (1980)
3) 北海道における豆類の品種編集委員会編："北海道における豆類の品種", 増補版, 日本豆類基金協会 (1991)
4) 橋本鋼二, 番場宏治他："農業技術体系", 作物編 6, 農山漁村文化協会 (1976)
5) 北海道農政部編："北海道農業の動向 (平成 8 年度)", 北海道庁 (1997)
6) 北海道農政部農産園芸課編："明日の豆作り (平成 10 年)", 日本豆類基金協会 (1998)
7) 北海道農政部農産園芸課編："麦類・豆類・雑穀便覧 (平成 10 年)", 北海道農政部 (1998)
8) J. A. Duke, 星合和夫訳："世界有用マメ科植物ハンドブック", 雑豆輸入基金協会 (1986)
9) 川嶋良一監修："新編農作物品種解説", 農業技術協会 (1984)
10) 日本作物学会編："作物学用語集", 養賢堂 (1977)
11) 野村信史監修：新北海道の品種全書, ニューカントリー '93 増刊号 (1993)
12) 前田和美："マメと人間", 古今書房 (1987)
13) 小島睦夫編："総合農業研究叢書", 第 10 号, わが国におけるマメ類の育種, 農林水産省農業研究センター (1987)
14) 桜井　秀, 足立　勇："日本食物史 (上) 古代から中世", 雄山閣 (1994)
15) 三分一敬監修："北海道における作物育種", 北海道共同通信社

(1998)
16) 相馬　暁："豆・おもしろ雑学事典"，チクマ秀版社（1991）
17) 相馬　暁："人と豆の健康12カ月"，チクマ秀版社（1996）
18) 大蔵永常（山田龍雄他編）："公益国産考"，日本農学全集 14，農山漁村文化協会（1978）
19) 宮崎安貞（山田龍雄他編）："農業全書"，日本農学全集 12，農山漁村文化協会（1980）
20) 吉田企世子編："野菜"，女子栄養大学出版部（1991）

1. アズキ

1) 岡島秀夫，志田容子訳："氾勝之書"，農山漁村文化協会（1986）
2) 竹崎　力："農業技術体系"，作物編 6，農山漁村文化協会（1976）
3) 後木利三監修："北海道の豆作技術"，小豆・菜豆編，農業技術普及協会（1986）
4) 山口裕文：食用豆類の分類と遺伝資源の現状（15），雑豆時報，No.54，32-41（1992）

2. インゲンマメ

1) 北海道農政部監修："北海道農業技術全科"，北海道農業改良普及協会（1990）
2) 後木利三監修："北海道の豆作技術"，小豆・菜豆編，農業技術普及協会（1986）
3) 内田重義：北海道農業試験場報告，第 13 号（1923）

5. ソラマメ

1) 小学館食材図典編集部編："食材図典"，小学館（1995）
2) 木暮　秩："JSA 香川ブックレット（そらまめ）"，日本科学者会議香川支部（1993）
3) 清水　茂監修："野菜園芸大事典"，養賢堂（1988）
4) 斉藤　隆："蔬菜園芸学（マメ類，根菜類，葉菜類）"，農山漁

村文化協会 (1983)
5) 木幡正宏:"農業技術大系", Vol.10 野菜編, 基 1, 農山漁村文化協会 (1974)

6. ダイズ

1) 福場博保監修:"大豆—畑で生まれた健康タンパク—", 女子栄養大学出版部 (1984)
2) Y. Fukuda:*Japan J. Bot.*, **4**, 489-506 (1933)
3) F. J. Hermann : A revision of the genus Glycine and its immediate allies, *USDA Tech. Bull.*, **1268**, 1-79 (1970)
4) 郭 文, 渡部 武訳:"中国大豆栽培史", 農山漁村文化協会 (1988)
5) 海妻矩彦, 喜多村啓介:ダイズの起源と分化, 育種学最近の進歩, 第21集, 43-52 (1980)
6) 永田忠男:"農学大系 作物部門", 大豆編, 養賢堂 (1956)
7) 日本特産農作物種苗協会:平成6年度種苗特性分類調査報告書, だいず (1995)
8) 農林水産省農産園芸局畑作振興課編:平成8年度豆類奨励品種特性表 (1996)
9) 農林水産省農産園芸局畑作振興課編:大豆に関する資料 (平成10年) (1998)
10) 斎藤正隆, 大久保隆弘編:"大豆の生態と栽培技術", 農山漁村文化協会 (1980)
11) 砂田喜与志監修:"北海道の豆作技術", ダイズ編, 農業技術普及協会 (1986)
12) 山口裕文:食用豆類の分類と遺伝資源の現状 (5), ダイズとマイナーな豆類, 雑豆時報, No.54, 32-41 (1992)

7. ラッカセイ

(III-2編 1.3 ラッカセイの利用, 2.2 ラッカセイの成分, 3.2 ラッカセイの栄養, 3.4 ラッカセイの生理機能に共通)
1) 屋敷隆士, 高橋芳雄:千葉県農業試験場研究報告, 第25号

(1984)
2) 千葉県農林部農産課編："千葉県らっかせい百年誌"，千葉県 (1976)
3) 落花生主産県連絡協議会編："落花生ハンドブック"，落花生主産県連絡協議会 (1991)
4) 農林水産省農産園芸局畑作振興課編："落花生資料"，農林水産省農産園芸局畑作振興課 (1996)
5) J. A. Duke，星合和夫訳："世界有用マメ科植物ハンドブック"，雑豆輸入基金協会 (1986)
6) 竹内重之："落花生"，家の光協会 (1970)
7) 日本の食生活全集12編集委員会編："聞き書き 千葉の食事"，農山漁村文化協会 (1989)
8) 鈴木建夫："理想の健康食"，保健同人社 (1998)
9) 科学技術庁資源調査会編："四訂日本食品標準成分表" (1982)
10) 資源協会食品成分調査研究所編："日本食品脂溶性成分表" (1989)
11) 戸苅義次，菅 六郎："食用作物"，養賢堂 (1968)
12) 満田久輝監修："食品科学大事典"，講談社 (1981)

8. 輸入豆類

1) "輸入豆類図鑑"，補正版，雑豆輸入基金協会 (1995)
2) 堀田 満他編："世界有用植物事典"，平凡社 (1989)
3) 週刊朝日百科，"植物の世界"，No. 45, 46, 49 (1995)

●III-1 主にでんぷんを利用する豆

1.1 あん／1.2 甘納豆／1.3 豆菓子類

1) 早川幸男："菓子入門"，日本食糧新聞社 (1997)
2) 農林水産省食品流通局委託事業："あんの製造・流通管理等マニュアル"，食生活開発研究所 (1984)
3) 渡辺長男，早川幸男：食生活開発研究所年報，No. 8 (1973), No. 9 (1974)

1.4 もやし

1) 青木睦夫, 沼田邦雄, 宮尾茂雄：東京都農業試験場研究報告, **19**, 103 (1985)
2) 青木睦夫, 中川 洋, 降矢るみ子：東京都立食品技術センター研究報告, **1**, 29 (1992)
3) "もやしの腐敗と防止法", 東京都立食品技術センターテクニカルガイド 3 (1997)

1.5 はるさめ

1) 木村 進："乾燥食品事典", 朝倉書店 (1989)
2) 高橋節子：伝統食品の研究, **10**, 16 (1991)

1.6 ソラマメの加工

1) 早川幸男, 森實孝郎, 唯是康彦, 矢野俊正編："図説・日本の食品工業", 光琳 (1995)
2) 童 江明, 李 幼均, 伊藤 寛：醸協誌, **92**, 815 (1997)
3) 呉 周和, 李 幼均, 金 鳳燮他：醸協誌, **92**, 885 (1997)
4) 白川武志：香川発食試報, **83**, 29 (1990)

2. 成分組成

1) 科学技術庁資源調査会編："四訂日本食品標準成分表", "改訂日本食品アミノ酸組成表".
2) 科学技術庁資源調査会編："五訂日本食品標準成分表 [新規食品編]".
3) 渡辺篤二, 大久保一良飜訳監修："FAO 豆類の栄養と加工", 建帛社 (1993)
4) 北海道立中央農業試験場："豆類の成分と品質", 北海道豆類振興会 (1988)
5) 横沢一二, 桜井芳人：農産技研誌, **2**, 208 (1955)
6) 松下アヤ子：栄養と食糧, **12**, 42 (1959)
7) 岩田久敬："三訂綜合食品化学", 養賢堂 (1965)
8) 四訂日本食品標準成分表のフォローアップに関する調査報告 II

―日本食品脂溶性成分表（脂肪酸，コレステロール，ビタミンE)―，科学技術庁資源調査会報告，第 112 号 (1989)
9) 青木みか，内島幸江，林部雅子：家政誌，**16**, 277 (1965)
10) 四訂日本食品標準成分表のフォローアップに関する調査報告VI―日本食品ビタミン K，B_6，B_{12} 成分表―，科学技術庁資源調査会 (1995)

3.1 雑豆類の栄養

1) 科学技術庁資源調査会編："四訂日本食品標準成分表"，"改訂日本食品アミノ酸組成表"．
2) 科学技術庁資源調査会編："五訂日本食品標準成分表［新規食品編］"．
3) 渡辺篤二，大久保一良翻訳監修："FAO 豆類の栄養と加工"，建帛社 (1993)
4) 四訂日本食品標準成分表のフォローアップに関する調査報告II―日本食品脂溶性成分表（脂肪酸，コレステロール，ビタミンE)―，科学技術庁資源調査会報告，第 112 号 (1989)

4. 調理への利用
（III-2 編 4. 調理への利用と共通）

1) 畑井朝子：津軽の味 "けの汁"，調理科学，**6**, 113-117 (1973)
2) 小林政明："大豆―その特性と食べ方―"，建帛社 (1975)
3) 大原照子，酒見フジコ，大里成子："豆・豆 100 珍 NOW"，柴田書店 (1983)
4) 調理科学研究会編："調理科学"，光生館 (1984)
5) 渋川祥子："調理科学"，同文書院 (1985)
6) 日本の食生活全集 42 編集委員会編："聞き書き 長崎の食事"，農山漁村文化協会 (1985)
7) 日本の食生活全集 2 編集委員会編："聞き書き 青森の食事"，農山漁村文化協会 (1986)
8) 日本の食生活全集 22 編集委員会編："聞き書き 静岡の食事"，

農山漁村文化協会（1986）
9) 日本の食生活全集47編集委員会編："聞き書 沖縄の食事"，農山漁村文化協会（1988）
10) 日本の食生活全集12編集委員会編："聞き書 千葉の食事"，農山漁村文化協会（1989）
11) 日本の食生活全集23編集委員会編："聞き書 愛知の食事"，農山漁村文化協会（1989）
12) 全国調理師養成施設協会編："調理用語辞典"，全国調理師養成施設協会（1989）
13) 林 敏子："とっておきマメ料理"，家の光協会（1989）
14) 相馬 暁："豆・おもしろ雑学事典"，チクマ秀版社（1991）
15) 渡辺篤二，大久保一良飜訳監修："FAO豆類の栄養と加工"，建帛社（1993）
16) 下村道子，橋本慶子編："調理科学講座" 4，植物性食品II，朝倉書店（1993）
17) 梶田，小田，加田，高木，橋本："調理のための食品学辞典"，朝倉書店（1994）
18) エディターズ編："新しい豆料理"，日本豆類基金協会（1996）
19) 日本調理科学会編："総合調理科学事典"，光生館（1997）

●III-2 主にたんぱく質を利用する豆

1.1 ダイズの利用

（IV 海外における豆の利用と共通）

1) 渡辺篤二，斎尾恭子，橋詰和宗："大豆とその加工（I）"，建帛社（1987）
2) 渡辺篤二，大久保一良飜訳監修："FAO豆類の栄養と加工"，建帛社（1993）
3) 週刊朝日百科，"世界の食べ物"，雑穀とマメの文化―南アメリカ，インド亜大陸，中国編（1983）
4) 山内文男，大久保一良："大豆の科学"，朝倉書店（1992）
5) 前田和美："マメと人間―その1万年の歴史―"，古今書院

(1987)

1.2 大豆もやし
1) 沼田邦雄, 青木睦夫, 宮尾茂雄, 佐藤　匡：東京都立食品技術センター報告, **1**, 21 (1992)
2) 沼田邦雄, 青木睦夫, 宮尾茂雄, 佐藤　匡：東京都立食品技術センター報告, **1**, 15 (1992)

1.3 ラッカセイの利用
＊II編 7. ラッカセイを参照.

2.1 ダイズの成分
1) 科学技術庁資源調査会編："四訂日本食品標準成分表", "五訂日本食品標準成分表", "改訂日本食品アミノ酸組成表".
2) 渡辺篤二, 大久保一良飜訳監修："FAO 豆類の栄養と加工", 建帛社 (1993)
3) 農林水産省食品流通局委託事業：飲食料品機能性素材有効利用技術シリーズ, No.2, 大豆オリゴ糖, 菓子総合技術センター (1990)
4) 四訂日本食品標準成分表のフォローアップに関する調査報告II―日本食品脂溶性成分表（脂肪酸, コレステロール, ビタミンE）―, 科学技術庁資源調査会報告, 第112号 (1989)
5) 四訂日本食品標準成分表のフォローアップに関する調査報告VI―日本食品ビタミンK, B_6, B_{12} 成分表―, 科学技術庁資源調査会 (1995)

2.2 ラッカセイの成分
＊II編 7. ラッカセイを参照.

3.1 ダイズの栄養
1) 山内文男, 大久保一良："大豆の科学", 朝倉書店 (1992)

3.2 ラッカセイの栄養
＊II編 7. ラッカセイを参照．

3.3 ダイズの生理機能
1) W. E. Ham, R. M. Sandstedt：*J. Biol. Chem.*, **154**, 505 (1944)
2) D. E. Bowman：*Proc. Soc. Exp. Biol. Med.*, **57**, 139 (1944)
3) M. Kunitz：*J. Gen. Physiol.*, **29**, 149 (1946)
4) M. Kunitz：*J. Gen. Physiol.*, **30**, 291 (1947)
5) D. E. Bowman：*Proc. Soc. Exp. Biol. Med.*, **63**, 547 (1946)
6) Y. Birk, A. Gertier, S. Khalet：*Biochem. J.*, **87**, 281 (1968)
7) A. Keys, J. T. Anderson, F. Grande：*Metabolism*, **14**, 776 (1965)
8) D. M. Hegsted, R. B. McGandy, M. L. Myers, F. J. Stare：*Am. J. Clin. Nutr.*, **17**, 281 (1965)
9) K. K. Carroll, R. M. G. Hamilton：*J. Food Sci.*, **40**, 18 (1975)
10) C. R. Sirtori, E. Agradi, F. Contti, O. Mantero：*Lancet*, **1**, 275 (1979)
11) 渡辺 昌：*Food Style 21*, **2**, (6), 29 (1998)
12) 植杉岳彦：*Food Style 21*, **2**, (6), 65 (1998)
13) 大澤俊彦：*Food Style 21*, **1**, (4), 32 (1997)
14) 坂野俊行他：ビタミン, **62**, 393 (1988)

3.4 ラッカセイの生理機能
＊II編 7. ラッカセイを参照．

4. 調理への利用
＊III-1編 4. 調理への利用を参照．

●IV 海外における豆の利用

＊III-2編 1.1 ダイズの利用を参照．

推薦図書

●マメ類の植物学的特性，品種，栽培など

1. J. A. Duke，星合和夫訳："世界有用マメ科植物ハンドブック"，雑豆輸入基金協会（1986）
2. "輸入豆類図鑑"，補正版，雑豆輸入基金協会（1995）
3. 小島睦夫編："わが国におけるマメ類の育種"，明文書房（1987）
4. 田中喜市他："作型を生かすマメ類のつくり方"，農山漁村文化協会（1986）
5. 北海道における豆類の品種編集委員会編："北海道における豆類の品種"，増補版，日本豆類基金協会（1991）
6. 農林水産省帯広統計情報事務所編："十勝の豆"，帯広農林統計協会（1996）
7. 梅谷献二："マメゾウムシの生物学"，築地書館（1987）
8. 農林水産省農業技術研究所：農業技術研究所報告，第33号，リョクトウ類の類縁関係と分離群の推定（1982）
9. 農林水産省農業生物資源研究所：農業生物資源研究所資料，第11号，WWWを利用したマメ類遺伝資源画像データベースシステム（1997）
10. 竹内重之："落花生"，家の光協会（1970）
11. 橋本鋼二，番場宏治他："農業技術体系"，作物編6，ダイズ，アズキ，ラッカセイ，農山漁村文化協会（1976）
12. 中山兼徳，高橋芳雄："ラッカセイのつくり方"，農山漁村文化協会（1976）
13. H. E. Pattee, C. T. Young："Peanut Science and Technology", American Peanut Research and Education

Society (1982)

14. 農林水産技術会議事務局：品質評価基準に関する研究会報告書（1991）

● マメ類の利用，調理・加工，栄養など

1. 前田和美："マメと人間―その1万年の歴史―"，古今書房（1987）
2. 河野友美編著："新食品事典1"，穀物・豆，真珠書院（1994）
3. 小学館食材図典編集部編："食材図典"，小学館（1995）
4. 芦澤正和，梶浦一郎，平　宏和，竹内昌昭，中井博康："食品図鑑"，女子栄養大学出版部（1996）
5. 藤巻正生，三浦　洋，大塚謙一，河端俊治，木村　進編："食料工業"，恒星社厚生閣（1985）
6. 調理科学研究会編："調理科学"，光生館（1984）
7. 下村道子，橋本慶子編："調理科学講座4"，植物性食品II，朝倉書店（1993）
8. 渡辺篤二，大久保一良翻訳監修："FAO 豆類の栄養と加工"，建帛社（1993）
9. 福場博保監修："大豆―畑で生まれた健康タンパク―"，女子栄養大学出版部（1984）
10. 菊池一徳："大豆産業の歩み"，光琳（1994）
11. 菊地三郎："大豆タンパク物語"，光琳（1990）
12. 藤巻正生，井上五郎，田中武彦編："米，大豆と魚―日本人の主要食品を科学する―"，光生館（1984）
13. 渡辺篤二，海老根英雄，太田輝夫："大豆食品"，光琳（1980）
14. 渡辺篤二，斎尾恭子，橋詰和宗："大豆とその加工（I）"，建帛社（1987）
15. 山内文男，大久保一良："大豆の科学"，朝倉書店（1992）
16. Lumpkin, McClary："Azuki Bean―Botany, Production

and Uses, CAB International（1994）
17. 武井　仁，的場研二："餡"，的場製餡所（1979）
18. 太田静行，鄭　大聲，斉藤善太郎："たれ類"，光琳（1993）
19. 相馬　暁："人と豆の健康12カ月"，チクマ秀版社（1996）
20. 豆類加工技術研究会報，第1巻～第10巻（1977-86）
豆類加工における甘味利用技術の展望（1巻：1号，以下同じ）／生あん，加糖あん製造の物理，化学と新しい機械について（I）（1：1）／異性化液糖の練り餡への利用（1：2）／製あん，連続水晒冷却装置の研究（1：2）／生あん，加糖あん製造の物理，化学と新しい機械について（II）（1：2）／Winter Peasの製あん適性に関する研究（1：3）／アラスカピースの製あん適性について（1：3）／各種糖類を使用した餡の性状について（1：4）／晒し方の三方法について（自然沈澱法，濃縮法，脱水法）（2：3）／ねりあんの加熱と製品の温度変化，糖組成の変化について（2：5）／ねりあんの加熱と製品の温度変化，糖組成の変化について（その2）（3：1）／アンの製造について（3：3）／各種小豆類の生あん，ねりあん，ぬれ甘納豆の性質とその評価について（3：4）／各種有機酸の性質とpH調整剤としてアンに対する応用について（3：4）／蒸煮豆，生あんに対する蔗糖，各種糖類，糖アルコール類の浸透，吸着作用について（3：5）／ソルビトールの添加による生あんの品質保持効果の検討（4：1）／小豆あんの研究（1）（4：3）／半生菓子の品質に及ぼす各種糖類の影響―半生菓子餡に対する影響（4：3）／シアン化合物含有雑豆を使用した製あんに関する研究結果について（4：5）／和菓子用あん類の検討（1）豆類の煮熟と蜜漬けについて（5：3）／蒸煮豆に対する糖，糖アルコールの浸透吸着作用について（5：3）／原料豆，製あんのシアンに関する諸問題について（5：4）／和菓子用あん類の検討（2）「もなかあ

ん」について (5:5)／糖, 糖アルコールによる練りあんの砂糖結晶析出の抑制について (5:5)／あんと糊料について (5:6)／あんと界面活性剤について (6:1)／和菓子用あん類の検討 (4) 水ようかんについて (6:3)／各種甘味料の特性とアンへの利用について (6:5)／回分式活性汚泥法よる製あん排水の処理実績について (7:3)／和菓子用あん類の検討 (5) ねりあんの製造法―加水量と物性, 品質の変化 (7:5)／あん並びに菓子に利用される各種澱粉の物性について (8:1)／大手亡の製品の鑑評と性質 (8:3)／あんと漂白剤, 金属封鎖剤の種類と使用法 (8:3)／あんの粒度分布と製造方法, ねりあんの性質について (8:3)／「かのこ豆」の合理的製造機械について (9:2)／グリシンによる生あん, 練りあんの変質防止法について (9:3)／豆の煮熟性について (早煮豆の分析等について) (9:6)／小豆の微生物について―水羊羹の離水に及ぼす耐熱性菌の影響および離水防止について― (9:6)／豆類加工の加熱工程 (10:2)／アルコールによる菓子類あん類の品質保持 (10:3)／品質, 生産性の視点による豆の煮熟工程と装置の検討 (10:5)／あん類製品に於ける糖類の挙動について (10:5)／生あんの晒し工程へのサイクロンの導入について (10:6), など.

索　引

ア　行

和え物	186
アオイマメ（葵豆）	69,116
青エンドウ	39,82,122
赤あん	80
赤エンドウ	40
アカネダイナゴン	16,79
赤花（豆）	32
赤味噌	142
秋アズキ	10
秋ダイズ型	50
揚げ菓子	99
揚げ豆	88,184
アズキ（小豆）	8,78,178,202
小豆あん	79
小豆がゆ	126
小豆飯	126
アスパラギン酸	109
姉子小豆	14
油揚げ	138
アフラトキシン	179,205
アフリカ	193
アフリカフサマメ	195
アブリン	118
甘納豆	86,107,121,143
甘味噌	141
アミノ酸組成	109,156
アミロース	104
アヤヒカリ	57
アラビノガラクタン	162
アルギニンインヒビター	167
アレルギー物質	205
あん	76,99,107
アントシアニン色素	179
あん粒子	77,107
石豆	102
イソウラシル	118
イソフラボン	140,172
一寸ソラマメ	45
いとこ（従兄弟）煮	121
糸引納豆	139
煎り莢	152
煎り豆	88,125,152,184
いわいくろ	58
インゲンマメ（隠元豆）	18,80,104,192
インゲンマメ-ササゲ複合体	8
インド	190
インドネシア	197
うぐいす豆	122
鶉豆	27
打ち豆	187
打ち豆菓子	187
打ち豆ご飯	187
STI	166
エストロゲン関連がん	172
エストロゲン様作用	172
SBA	118

エチレンガス	94	褐目種	55
エリモショウズ	14, 79	garden pea 系	37
エンドウ（豌豆）	36	カビ毒	179, 205
エンドウ飯	126	ガラクトオリゴ糖	113
エンレイ	57	辛子醬	100
		カラシ抽出物	94
花魁豆	32	辛子味噌	99, 100
黄色極大粒白目種	58	辛味噌	142
黄色小粒白目種	54	カリウム	111, 158, 164
黄色大粒褐目種	57	カリステフィン	178
黄色大粒白目種	57	カルシウム	158, 164, 166, 174
黄色中粒褐目種	55	カロテン	163
黄色中粒白目種	56	かんざらし	100
大白花	34	乾醬（カンジャン）	197
オオツル	57	かん水	136
大手亡	24	関税割当制度	203
大福	27	乾燥あん	81
大緑	42	がんもどき	138
おから	132	がん予防	172
小倉あん	84		
おたふく	45	きたのおとめ	15, 79
お多福豆	123	キタホマレ	56
おのろけ豆	88	キタムスメ	56
おぼろ豆腐	135	きなこ	145, 173, 188
オリゴ糖	113, 140, 162, 167	きぬごし豆腐	131, 133
オレイン酸	159, 164	絹莢	38
オンチョム	197	キネマ	197
		キマメ（木豆）	72, 191
カ 行		黄味あん	85
		凝固剤（豆腐）	132
改良青手無	41	莢菜類	44
改良虎豆	28	極小粒大豆	51
改良早生大福	28	金時	25
掛けもの（豆菓子）	88	きんとん	122
堅豆腐	135		
型箱（豆腐）	132		
活性酸素	178	茎腐細菌病菌	93

索　引

汲み豆腐	135
クリサンテミン	178
グリーンピース	37
グルコノデルタラクトン	133
グルタミン酸	110
黒大豆	58, 178
黒大豆の煮物	182
黒豆	167, 178, 182
黒豆おこわ	185
黒豆ご飯	185
ケチャップ	198
血圧低下作用	175
血液凝集作用物質	118
血漿コレステロール低下作用	168
ケツルアズキ	68, 89, 191
ゲニスチン	163
ゲニステイン	163, 173
けの汁	187
健民豆腐	135
高級菜豆	31
硬莢種	20, 38
高野豆腐	136
凍り豆腐	136
五月豇豆	19
五月豆	43
国産大豆	54
黒色大粒黒目種	58
国内産落花生品質規格	203
五色豆	88
呉汁	186
コスズ	55
鼓腸成分	162
骨粗鬆症	174, 175
五斗納豆	139
米味噌	141
五目煮豆	182
コリン	172
コレステロール低下作用	168
強飯（こわめし）	125
コンカナバリン A	118
コンパイシン	118
昆布豆	183

サ　行

サイトウ（菜豆）	19, 73
細胞でんぷん	77
ササゲ（豇豆）	20, 67, 80, 104, 193
座禅豆	183
雑豆類	76, 104, 112
サポゲニン	170
サポニン	115, 140, 163, 170
サホロショウズ	15
サヤエンドウ	37, 38
サルタニマメ	69, 117, 204
サルタピアマメ	69, 117, 204
三度豆	19
残留農薬基準	204
シアン化合物	69, 116, 204
シアン化水素	117, 204
塩豆	125
シカクマメ	194
色素	163, 176
脂質	110, 114, 158, 159, 162, 164
市場価格	202
紫斑病菌	150
子房柄	62
ジャパンパラドックス	174
醤（ジャン）	196
充填豆腐	131, 134

ジュウロクササゲ	67	製あん	76
しゅまり	15	青酸	117
子葉黒点病菌	150	青酸配糖体	116
ショウズ（小豆）	9	ぜいたく豆	88
脂溶性ビタミン	162	生理活性物質	167
醬油	142	赤飯	125
醬油豆	100,125,184	セルロース	104,162
小粒種ソラマメ	43	繊維状大豆たんぱく	144
小粒大豆	51	千石豆	73
上割あん	83	センターもの（豆菓子）	88
植物性たん白	144	叢性	20
食物繊維	106,113,140,156,162,165	組織状大豆たんぱく	144
女性ホルモン作用	173	ソフト豆腐	131,135
ショ糖	160,162	ソラマメ（空豆）	43,80,99,123
白あん	80	ソラマメご飯	126
シロインゲンマメ	78	ソラマメすり流し汁	127
白エンドウ	40	ソラマメ中毒症	118
白金時	26		
白小豆	17	**タ 行**	
シロバナインゲン	32	タイ	198
白花豆	30	大角豆	67
白味噌	142	大正金時	25,78
じんだ	186,187	ダイジン	163
		ダイズ（大豆）	
水溶性ビタミン	163		47,128,155,161,166,197,202
スクロース	107,113,157,160,162	ダイズオリゴ糖	157
鈴の音	55	大豆ご飯	185
スズヒメ	54	ダイズサポニン	171
スズマル	55	ダイズたんぱく質	144,167,169
スタキオース	107,113,157,162	ダイズトリプシンインヒビター	166
スナックエンドウ	37,38	ダイズ粉	187
スパニッシュ	61	大豆もやし	146
素火腿（スーホータイ）	196	大豆もやし成分組成	149
酢豆	185	大豆油	158
ずんだ	186,187	ダイゼイン	163,173
ずんだ和え	186	大徳寺納豆	139

大納言	11,12,16,79,82,86	デザイナーフーズ	177
ダイバイシン	118	鉄	158,166
大粒種ソラマメ	43	鉄火味噌	184
大粒小豆	11,51	手亡	24
タウチョ	198	寺納豆	139
タケアズキ（竹小豆）	66,78,80,104	でんぷん	104
タケショウズ（竹小豆）	66	テンペ	140,197
立性	61		
タチナガハ	58	トアナオ	198
タチマサリ	63	豆漿（トウジャン）	196
脱脂ダイズ	142,144	豆豉（ドウチ）	196
玉大根	59	豆乳	131,132,145,196
ダール	70,190	豆瓣醤（トウバンジャン）	99,100
単色種	21,41	豆腐	130,195
炭水化物	104,113,156,161,165	豆腐かまぼこ	137
たんぱく質		豆腐羹（干）	137,195
	107,114,156,159,161,165,169	豆腐成分組成	142
丹波黒	59	豆腐ちくわ	137
丹波大納言	11,16,79	豆腐百珍	130
		豆腐よう	137
千葉半立	63	豆花（ドウホワ）	196
着色種	21	豆麺	98
中国	195	洞爺大福	28
中生光黒	58	糖類	107,113
中長鶉類	27	トカチクロ	58
中粒種ソラマメ	43	特殊生理活性物質	116
中粒大豆	51	特定加工用大豆	51
チリコンカン	124	特定保健用食品	167,173
		トコフェロール	162,165
つと豆腐	137	トヨコマチ	56
つぶし生あん	82	とよみ大納言	16
つぶし練りあん	84	豊緑	42
つる性	20,30,33,40,66,67	トヨムスメ	57
つるの子	58	ドライシェルビーン	192
ツルマメ	47	虎豆	29
ツルムスメ	58	トリプシンインヒビター	140,166

ナ 行

ナイアシン	159, 163
長鶉類	27
ナカテユタカ	64
中割あん	82
夏アズキ	10
夏ダイズ型	50
納豆	138, 175
ナットウキナーゼ	141
納豆小粒	55
納豆成分組成	142
ナットウの大三角形	139, 198
納豆用品種	54
生揚げ	138
生あん	77, 81, 117, 205
生こしあん	81
並あん	82
軟莢種	20, 38
南京豆	60
にがり	132
煮崩し生あん	82
煮崩し練りあん	84
煮なます	187
煮豆	107, 120, 181
乳腐（ニュウフ）	196
ネパール	197
練りあん	81
練り切りあん	84
粘質物（納豆）	141
濃縮大豆たんぱく	144
ノマメ	47

ハ 行

バイイエ（豆頁）	196
バイシン	118
バカアズキ	66
白色種	21
白色つる性	30
白色矮性	30
バージニア	61
ハタササゲ	67
バタピー（バターピーナッツ）	152
バタービーン（豆）	69, 117, 204
ハナマメ（花豆）	31
花豆の煮豆	122
浜納豆	139
はるさめ	98, 199
バレンシア	61
半つる性	20, 40
斑点種	41
斑紋種	21, 41
PFCのバランス	156
PFC比	112
ひき割納豆	139
ひすい豆	123
ひたし豆	185
ビタミンE	162, 165
ビタミンK_2	175
ビタミンC	96
ビタミンB_1	159, 163, 168
ビタミン類	111, 114, 159
必須アミノ酸	110, 114
備中白	17, 82
ピーナッツ和え	186
ピーナッツバター	153
ピーナッツミール	179

BBI	166	プロテアーゼインヒビター	167
姫手亡	24	ブンドウ	68
百粒重	11, 52	分離大豆たんぱく	144
ヒヨコマメ（雛豆）	70, 191	ペギアマメ	69, 117, 204
ヒラマメ（扁豆）	71	ペクチン	162
ビルマ	198	べっこう豆	123
ビーンシチュー	193	ベニバナインゲン（紅花隠元）	30, 104
ファシン	118	ベニバナエンドウ	36
ファゼオルナチン	116	偏斑紋種	22
フィチン酸	115, 164		
field pea 系	37	膨軟加工	136
フィールドビーン	192	飽和脂肪酸	168
フェイジョアーダ	192	ほくと大納言	16
富貴豆	123	ポークビーンズ	124
福勝	26	ポタージュ	127
複色種	41	北海赤花	42
福白金時	26	北海金時	26
伏性	61	北海道産小豆規格	202, 203
福虎豆	29	Bowman-Birk インヒビター	166
フクユタカ	56	ポリフェノール類	115, 177, 179
福粒中長	27	ポリペプチド	170
フジマメ（藤豆）	19, 73	ホワイトビーン（豆）	69, 117, 204

マ 行

普通小豆	11, 51	豆菓子（類）	88, 153
ぶどう豆	183	豆ご飯	125, 185
フードファクター	176	豆味噌	141
不飽和脂肪酸	111, 159, 162, 164, 168	丸鶉類	27
フユマメ	43		
不溶性食物繊維	113	みすず黒	59
フライドビーンズ	125, 184	味噌	141
ブラジル	192	味噌漬豆腐	137
ブラックグラム	88, 191, 198	ミネラル	111, 158
ブラックマッペ	68, 88, 191	ミャンマー	198
ブラックマッペもやし成分組成	97		
フラボノイド色素	163		
腐乳（フルー）	196		

無機成分	114, 140, 164, 166
むき実（ラッカセイ）	151
麦味噌	141
無限伸育	20
無限（伸育）型	50, 51
紫花豆	30, 35
メナキノン	175
メナキノン-4	176
モデル製あん法	77
もめん豆腐	131, 132
もやし	88, 146, 196
もやし製造システム	95

ヤ 行

ヤエナリ	68
焼き菓子	99
ヤブツルアズキ	9
有限伸育	20
有限（伸育）型	50, 51
有色つる性	30
有色矮性	30
ユウヅル	58
有毒性たんぱく質	107
雪手亡	25
雪割納豆	139
ユキワリマメ	43
ゆし豆腐	135
ゆでラッカセイ	153
ゆば	145

ラ 行

ライマメ（ライママメ）	69, 80, 116, 117, 204
ラッカセイ（落花生）	60, 150, 159, 164, 179, 197, 198, 205
ラッカセイの煮豆	183
落花生油	151
ラフィノース	113, 157, 162
リジン	114, 161
リジンインヒビター	167
リナマリン	117
リノール酸	111, 114, 158, 159, 162, 165, 168
リノレン酸	111, 114, 158, 162, 165
リポキシゲナーゼ	145
リュウキュウマメ	72
硫酸カルシウム	132
粒大	11, 51
リョクトウ（緑豆）	68, 89, 98, 104, 191, 198
リョクトウもやし成分組成	97
リン	111, 158, 164
リン脂質	172
レクチン	118
レシチン	140, 163, 171
レスベラトロール	180
レトルト加工（ラッカセイ）	154
レンズマメ	71, 104
六浄豆腐	137

ワ 行

矮性	20, 40, 67

【監修者紹介】

渡辺篤二（わたなべ　とくじ）

1917年　東京都に生まれる
1941年　東京大学農学部農芸化学科卒業
1945年　農林省食糧管理局研究所（現 農林水産省食品総合研究所）入所
1971年　農林省食品総合研究所　所長
1977年　同所長　退任
1977年　共立女子大学家政学部　教授（食品化学担当）
1989年　同大学教授　退任
1990年　東京都立食品技術センター所長
1994年　同所長を退任し顧問
1998年　同所顧問　退任

主な著書

「大豆食品」（共著）光琳，「大豆とその加工（Ⅰ）」（共著）建帛社，「日本の食品産業（技術編）」農文協，「FAO：豆類の栄養と加工」（共訳）建帛社，他

豆の事典―その加工と利用―

2000年 2月15日	初版第1刷発行
2004年12月20日	初版第2刷発行

監修　渡　辺　篤　二
発行者　桑　野　知　章
発行所　**株式会社　幸　書　房**
〒101-0051　東京都千代田区神田神保町 1-25
Tel 03-3292-3061，Fax 03-3292-3064
URL：http://www.saiwaishobo.co.jp

Printed in Japan
2000 ©

㈱平文社

本書を引用または転載する場合は必ず出所を明記して下さい．
万一，乱丁，落丁がございましたらご連絡下さい．お取り替えいたします．

ISBN 4-7821-0172-4　C 3058